普通高等教育土建类"十三五"应用型(模块化)规划教材

土木与工程管理概论

主　编　刘　伟
副主编　马翠玲　王艳丽
　　　　吕晓棠　姚　军
主　审　陈长冰

黄河水利出版社
·郑 州·

内 容 提 要

本书针对应用型本科高校编写,以培养工程应用型土木工程专业卓越工程师为目标,结合模块化教学体系改革,包含了大土木工程专业及其相关学科的主要内容,主要包括土木工程概述、土木工程设施、建筑业、土木工程建设与管理、土木工程师与大学工程教育、土木工程与工程管理专业教学体系、BIM体系及其在建筑业中的应用、职业生涯规划。

本书可作为土木工程和工程管理及其相关专业学生的教材,也可供从事有关土木工程设计、施工、监理、监测等的工程技术人员参考。

图书在版编目(CIP)数据

土木与工程管理概论/刘伟主编. —郑州:黄河水利出版社,
2018.8
普通高等教育土建类"十三五"应用型(模块化)规划教材
ISBN 978 - 7 - 5509 - 2079 - 8

Ⅰ.①土… Ⅱ.①刘… Ⅲ.①土木工程 - 工程管理 -
高等学校 - 教材 Ⅳ.①TU

中国版本图书馆 CIP 数据核字(2018)第 165708 号

策划编辑:王志宽 电话:0371 - 66024331 E-mail:wangzhikuan83@126.com

出 版 社:黄河水利出版社
　　　　　地址:河南省郑州市顺河路黄委会综合楼14层　　　　邮政编码:450003
发行单位:黄河水利出版社
　　　　　发行部电话:0371 - 66026940、66020550、66028024、66022620(传真)
　　　　　E-mail:hhslcbs@126.com
承印单位:河南承创印务有限公司
开本:787 mm×1 092 mm　1/16
印张:12.75
字数:295 千字　　　　　　　　　　　　　印数:1—3 000
版次:2018 年 8 月第 1 版　　　　　　　　印次:2018 年 8 月第 1 次印刷
定价:35.00 元

前　言

　　根据与国际接轨的需要,1998 年教育部本科专业设置目录的土木工程专业是把建筑工程、公路工程、铁路工程、桥梁工程、矿井建设工程、交通土建工程等多个专业合并而成的,又称为大土木工程专业。大土木工程专业至少要开设两个特色方向进行教学。可见,土木工程已经成为一个内涵广泛的专业。土木工程概论是土木工程专业在大学一年级开设的专业总论性课程,该课程对于学生认识土木工程专业、热爱土木工程专业、特色专业方向的选择、职业生涯设计与就业方向确定具有重要意义。

　　2010 年住房和城乡建设部主持制定了《土木工程专业规范(讨论稿)》和《工程管理专业规范》,根据国家对不同类型土木工程专业人才的需求,要求土木工程专业的各个方向办出特色,2010 年在部分高校土木工程专业实施了"卓越工程师教育培养计划"。本书针对应用型本科高校编写,以培养工程应用型土木工程专业卓越工程师为目标,结合模块化教学体系改革,包含了大土木工程专业及其相关学科的主要内容,主要包括土木工程概述、土木工程设施、建筑业、土木工程建设与管理、土木工程师与大学工程教育、土木工程与工程管理专业教学体系、BIM 体系及其在建筑业中的应用、职业生涯规划。

　　本书编写分工如下:第 1 章由合肥学院吕晓棠编写,第 2 章、第 3 章由合肥学院马翠玲编写,第 4 章由合肥学院王艳丽编写,第 5 章由合肥学院姚军编写,第 6 章、第 8 章由合肥学院刘伟编写,第 7 章由合肥学院司大雄编写。本书由刘伟担任主编,由马翠玲、王艳丽、吕晓棠、姚军担任副主编,由合肥学院陈长冰担任主审。

　　在本书编写过程中参考了大量的教材、论文、专著、网络信息等资料,编者向所有参考文献的作者致以衷心的感谢。陈长冰教授在百忙之中对本书的内容进行了严格细致的审查,提出了许多建设性的意见和建议,使本书的质量得到了提高,编者对陈长冰教授的辛勤工作致以诚挚的谢意。限于作者水平,书中疏漏在所难免,敬请广大读者批评指正。

编　者

2018 年 5 月

前　言

目 录

第 1 章 土木工程概述

1.1 土木工程的概念

1.1.1 何为"土木工程"

中国国务院学位委员会在土木工程一级学科简介中将土木工程定义为:土木工程,是建造各类工程设施的科学技术的统称。它既指工程建设的对象,即建造在地下、地上、水中等的各类工程设施;也指其所应用的材料、设备和所进行的勘察、设计、施工、管理、保养、维修等专业技术。

其中,"在地下、地上、水中等的各类工程设施",包括房屋建筑工程,公路与城市道路工程,铁道工程,桥梁工程,隧道工程,地下工程,机场工程,给水排水工程,港口、码头工程等(见图 1-1～图 1-7)。在国际上,运河、水库、大坝、水渠等水利工程(见图 1-8)也属于土木工程。

图 1-1 房屋建筑工程

图 1-2 道路工程

在我国几千年漫长的历史时间内,土木工程所用的材料主要是"土"(泥土、石灰、沙子、岩石,用土烧制成的砖、瓦等)和"木"(茅草、藤条、竹、木材等),古代大规模的工程建设也被称为"大兴土木",因而得名"土木工程"。

英文中的"civil engineering"现在通常被翻译为"土木工程",而其直译则为"民用工程",与"军事工程"(military engineering)相对应。历史上,"civil engineering"覆盖的范围十分广泛,除土木工程外,一切非军事用途的民用工程项目如机械工程、电气工程、化工工程等也都归于其中。然而,随着工程科学技术的不断发展,很多原来属于"civil engineering"范围的内容如机械、电气、化工等都已形成独立的学科,"civil engineering"也就成了土木工程的专用名词。

图1-3　铁道工程

图1-4　码头工程

图1-5　机场工程

图1-6　桥梁工程

图1-7　隧道工程

　　从学科属性来讲,土木工程,是以土木工程为对象的一门技术科学,是科学与技术的集合体,既具有科学的属性,也具有技术的属性。

　　科学是人类对客观世界的探索、认识以及对客观规律的揭示,主要是以知识的形态来表现的,是"思想和文献";技术是在科学理论的指导下,改造客观世界的活动和手段,如

图 1-8　水利工程

各种生产工艺、作业方法、设备装置等；工程是科学与技术的具体运用，即利用科学技术改造自然，建造人工自然，最终形成工程实体的过程。科学、技术和工程既相互区别又密不可分，它们之间相互依存、相互促进、相互渗透。

1.1.2　土木工程的特点和基本属性

土木工程直接与人们的"衣、食、住、行"等物质需求以及精神需求密切相关。土木工程为人类的生产和生活提供了所需要的、具有各种功能及良好舒适性、美观性的场所，不仅满足了人类生存的物质需求，而且建筑艺术彰显了人类的审美，满足了人类的精神需求。同时，土木工程作为一个国家重要的产业支柱，对国民经济具有举足轻重的影响。土木工程投入大，涉及的行业多，各个领域的投资带动了各行各业的发展，使得金融市场运转加快，这是社会经济发展的主动力。土木工程还是开发和吸纳劳动力资源的重要平台，可以促进社会就业，推动经济收入的增长。我国改革开放以后，土建行业对国民经济的贡献度达到 30% 以上，近年来我国固定资产投入约占国民生产总值的 50%，其中绝大多数都与土建行业有关。

作为一门重要的基础学科，土木工程有以下几个基本属性。

1.1.2.1　综合性

随着科学技术的进步和工程实践的发展，土木工程也已发展成为内涵广泛、门类众多、结构复杂的综合体系。从工程设施的建造过程来讲，一般要经过勘察、设计和施工三个阶段，需要运用工程地质勘察、水文地质勘察、工程测量、土力学、工程力学、工程设计、建筑材料、建筑设备、工程机械、建筑经济等学科和施工技术、施工组织等领域的知识，以及计算机和力学测试等技术；就工程设施的使用功能而言，有的供生息居住之用，有的作为生产活动的场所，有的用于交通运输，有的用于水利事业等。这就要求土木工程综合运用各种物质条件，以满足多种多样的需求。因而，土木工程是一门范围广阔的综合性学科。

1.1.2.2　社会性

土木工程的社会性主要表现为它所建造的各种工程设施是社会历史发展的见证。土木工程是伴随着人类社会的进步发展起来的，它所建造的工程设施反映出各个历史时期社会、经济、文化、科学、技术的发展水平。从古代的长城、赵州桥、金字塔、帕特农神庙到现代社会的摩天大厦、核电站、跨海大桥、高速公路和铁路,这些工程设施无不体现出人类文明的发展和生产力水平的提高,很多杰出的工程项目已经成为某一国家或地区在特定历史时期的标志性工程。现代土木工程不断地为人类社会创造崭新的物质环境,成为现代文明的重要组成部分。

1.1.2.3　实践性

土木工程是具有很强实践性的学科。早期的土木工程施工是通过工程实践,不断总结经验教训发展起来的。直到 17 世纪,近代力学同土木工程实践相结合,逐渐形成土木工程的基础理论,土木工程才逐渐从经验发展成为科学。此外,在土木工程的发展过程中,很多时候工程实践经验会先行于理论,只有进行新的工程实践,才能发现新的问题。工程事故常显示出未能预见的新因素,触发新理论的研究和发展。如 1940 年,建成通车仅 4 个月的美国塔科马海峡大桥,在 8 级风的"吹拂"下,主体的 120 多 m 轰然坠入塔科马海峡,成为一座被风吹垮的大桥。那个年代的人们对悬索桥的空气动力学特性知之甚少,因此这场灾难在当时来说基本上是无法预测的。此次坍塌事故引发了全世界科学家对风振问题的研究,促成桥梁风工程等各种新学科的建立,使人类近几十年来得以不断突破桥梁的跨度记录。时至今日,不少工程问题的处理,仍然在很大程度上依靠实践经验。

1.1.2.4　技术、经济和艺术的统一性

土木工程的这一属性是指人们力求最经济地建造一项工程设施,用以满足使用者的预期需要。而工程的经济性又与各项技术活动密切相关,如工程建设的总投资、工程选址和施工方案等,都是衡量工程经济性的重要指标。在符合功能要求的同时,人们不断追求土木工程的艺术性。一个成功的、优美的工程设施能够给人以美的享受。土木工程是为人类需要服务的,是每个历史时期技术、经济、艺术统一的见证。

1.2　土木工程专业的培养目标和人才素质要求

1.2.1　土木工程专业

土木工程专业是为培养土木工程所需的各类专门技术人才而设置的。

世界各国在大学本科教学中大都设立了土木工程专业。早在 1747 年,法国就创立了巴黎路桥学校。此后,英国、德国等国也相继在大学中设置了土木工程相关专业。

我国最早开始土木工程教育的是创办于 1890 年的北洋西学学堂(后称北洋大学,今天津大学)。时至今日,全国有 1 000 余所高等院校开设了土木工程专业。

目前,从我国土木工程专业人才培养层次上划分有专科、本科(工学学士)、硕士(工学硕士)、博士(工学博士)等几个层次。在本科教育阶段,土木工程专业属于大的一级学科专业,按照人才培养目标与方案,土木工程专业下设建筑工程、道路工程、桥梁工程等若干专业方向,但专业都统一为土木工程。到硕士或博士阶段,则具体分为二级学科专业如结构工程、岩土工程、防灾减灾与防护工程、桥梁隧道工程等。

1.2.2 培养目标和人才素质要求

《高等学校土木工程专业本科教育培养目标和培养方案及课程教学大纲》是高等学校土木工程专业指导委员会为土木工程专业教学制定的指导性文件,对土木工程专业教育的培养目标、业务范围、毕业生基本要求等提出了基本要求。

1.2.2.1 培养目标

培养适应社会主义现代化建设需要,德、智、体全面发展,掌握土木工程学科的基本理论和基本知识,接受工程师基本训练并具有创新精神的高级专门人才。

毕业生能从事土木工程的设计、施工与管理工作,具有初步的项目规划和研究开发能力。

1.2.2.2 业务范围

能在房屋建筑、隧道与地下建筑、公路与城市道路、铁道工程、桥梁、矿山建筑等的设计、施工、管理、咨询、监理、研究、教育、投资和开发部门从事技术或管理工作。

1.2.2.3 毕业生基本要求

1. 思想道德、文化和心理素质

(1)热爱社会主义祖国,拥护中国共产党的领导,理解马列主义、毛泽东思想和邓小平理论的基本原理;愿为社会主义现代化建设服务,为人民服务,有为国家富强、民族昌盛而奋斗的志向和责任感。

(2)具有敬业爱岗、艰苦奋斗、热爱劳动、遵纪守法、团结合作的品质;具有良好的思想品德、社会公德和职业道德。

(3)具有基本的和高尚的科学人文素养和精神,能体现哲理、情趣、品位、人格方面的较高修养;保持心理健康,努力做到心态平和、情绪稳定、乐观、积极、向上。

2. 知识结构

1)人文、社会科学基础知识

(1)理解马列主义、毛泽东思想、邓小平理论的基本原理,具有哲学及方法论、经济学、法律等方面必要的知识,了解社会发展规律和21世纪社会发展趋势,对文学、艺术、伦理学、历史、社会学及公共关系学等进行一定的修习。

(2)掌握一门外语。

2)自然科学基础知识

(1)掌握高等数学和本专业所必需的工程数学。

(2)掌握普通物理的基本理论,掌握与本专业有关的化学原理和分析方法。

(3)了解现代物理、化学的基本知识,了解信息科学、环境科学的基本知识,了解当代科学技术发展的其他主要方面和应用前景。

(4)掌握一种计算机程序语言。

3)学科和专业基础知识

(1)掌握理论力学、材料力学、结构力学的基本原理和分析方法。

(2)掌握工程地质与土力学的基本原理和试验方法,掌握流体力学(主要为水力学)的基本原理和分析方法。

(3)掌握工程材料的基本性能和适用条件,掌握工程测量的基本原理和基本方法,掌握画法几何的基本原理。

(4)掌握工程结构构件的力学性能和计算原理,掌握一般基础的设计原理。

(5)掌握土木工程施工与组织的一般过程,了解项目策划、管理及技术经济分析的基本方法。

4)专业知识

(1)掌握土木工程项目的勘察、规划、选线或选型、构造的基本知识。

(2)掌握土木工程结构的设计方法、CAD 和其他软件应用技术。

(3)掌握土木工程基础的设计方法,了解地基处理的基本方法。

(4)掌握土木工程现代施工技术、工程检测与试验的基本方法。

(5)了解土木工程防灾与减灾的基本原理及一般设计方法。

(6)了解本专业的有关法规、规范与规程。

(7)了解本专业的发展动态。

5)相邻学科知识

(1)了解土木工程与可持续发展的关系。

(2)了解建筑与交通的基本知识。

(3)了解给水排水的一般知识,了解供热通风与空调、电气等建筑设备、土木工程机械等的一般知识。

(4)了解土木工程智能化的一般知识。

3.能力结构

1)获取知识的能力

具有查阅文献或其他资料、获得信息、拓展知识领域、继续学习并提高业务水平的能力。

2)运用知识的能力

(1)具有根据使用要求、地质地形条件、材料与施工的实际情况,经济合理、安全可靠地进行土木工程勘测和设计的能力。

(2)具有解决施工技术问题和编制施工组织设计、组织施工及进行工程项目管理的初步能力。

(3)具有工程经济分析的初步能力。

(4)具有进行工程监测、检测和工程质量可靠性评价的初步能力。

(5)具有一般土木工程项目规划或策划的初步能力。

(6)具有应用计算机进行辅助设计、辅助管理的初步能力。

(7)具有阅读本专业外文书刊、技术资料和听、说、写、译的初步能力。

3)创新能力

(1)具有科学研究的初步能力。

(2)具有科技开发、技术革新的初步能力。

4)表达能力和管理、公关能力

(1)具有文字、图纸、口头表达的能力。

(2)具有与工程项目设计、施工、日常使用等工作相关的组织管理的初步能力。

（3）具有社会活动、人际交往和公关的能力。

4．身体素质

（1）具有一定的体育和军事基本知识，掌握科学锻炼身体的基本技能，养成良好的体育锻炼和卫生习惯。

（2）受到必要的军事训练，达到国家规定的大学生体育和军事训练合格标准，形成健全的心理和健康的体魄，能够履行建设祖国和保卫祖国的神圣义务。

1.3　土木工程的发展历史和展望

1.3.1　土木工程的发展历史

土木工程的发展与人类社会生产力的发展是密不可分的。新型的土木建筑材料和新的设计理论、施工技术，是推动土木工程发展的关键因素。纵观国内外土木工程的发展历史，大致可以分为古代、近代和现代三个时期。各个时期都留下了传世的建筑精品，它们是人类勤劳智慧的结晶，也是人类社会文明发展的见证。

1.3.1.1　古代土木工程

古代土木工程的时间阶段跨度比较大，大概是从新石器时代（约公元前 5 000 年起）开始至 17 世纪中叶。在这一时期，最初的土木工程材料主要是土、石、树木等天然材料，后来出现了砖、瓦等人工材料，砖、瓦易于加工和制作，而且有比土更优越的力学性能，使人类第一次冲破了天然建筑材料的束缚，土木工程技术得到了快速的发展。同时，土木工程的建造工具从最初的石斧、石刀等，发展到后来的斧、凿、锯、铲等青铜和铁制工具，出现了简易型打桩机、简易型桅杆式起重机等机械。在这一历史阶段，世界各国的土木工程建造几乎全靠经验和身手相传，缺乏理论上的依据和指导。这一时期土木工程的特点可概括为以下几个方面：

（1）建筑材料多采用天然材料，或经过简单加工的人工材料（如砖、瓦、铜、铁等）。

（2）施工工具原始简单。

（3）设计过程没有理论指导，施工主要依靠经验。

古代土木工程的结构形式主要有木结构和砖石结构，一些传世至今的伟大工程即使在现代看来仍令人叹为观止。

木结构建筑是我国古代土木工程史上光辉的一页。至今尚存的代表性木结构建筑，如公元 1056 年建成的山西应县木塔（原名佛宫寺释迦塔）（见图 1-9），塔身全部由优质松木建成，塔高 67.3 m，共 9 层，塔为楼阁式，横截面呈八角形，内、外双筒结构，底层直径达 30.27 m，是保存至今的唯一木塔。该塔经历了多次大地震仍完整无损，足以证明我国古代木结构的高超技术。我国古代建筑以木结构加砖墙形式居多，即用木梁、木柱做成承重骨架，四壁墙体都是自承重的隔断墙。历代封建王朝建造的大量宫殿（见图 1-10）和庙宇建筑，是木构架结构的典型代表，除木质骨架外，用木制斗拱（梁柱交接的节点，见图 1-11）做成大挑檐，越高贵的建筑斗拱越繁复。建成于明永乐十八年（1420 年）的北京故宫，就属于该类结构，是我国古代宫廷建筑的集大成者，也是世界现存最大、最完整的木结构的古建筑群。

图 1-9　山西应县木塔

图 1-10　北京故宫太和殿

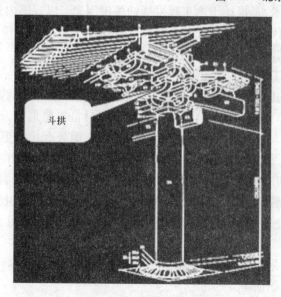

图 1-11　木制斗拱

　　我国古代砖石结构最著名的代表当属万里长城(见图 1-12),从公元前 7 世纪开始修建(春秋战国时期),秦朝时达到了西起临洮,东至辽东,蜿蜒一万余里(1 里 = 0.5 km)的空前规模,因而被称为"万里长城"。明朝时又进行了大规模的整修和扩建,我们今天所讲的万里长城多指明朝修建的长城,东起鸭绿江,西至嘉峪关,全长达 7 000 km,真正是"上下两千年,纵横十万里"。而坐落在河北省赵县洨河上的赵州桥(见图 1-13),则是我国古代石拱桥的杰出代表。赵州桥又称安济桥,建于隋代大业年间(公元 605 ～ 公元 618年),由著名匠师李春设计和建造,全长 50.82 m,桥面宽 10 m,单孔跨度 37.02 m,距今已有约 1 400 年的历史,是当今世界上现存最早、保存最完善的古代敞肩石拱桥。同类型的桥梁,欧洲到 19 世纪中期才出现,比我国晚了 1 200 多年。赵州桥经历了 10 次水灾、8 次战乱和多次地震,仍保存至今,确为世界石拱桥中的杰作。1991 年,美国土木工程师学会将赵州桥选定为第 12 个"国际历史土木工程的里程碑",并在桥北端东侧建造了"国际历史土木工程古迹"铜牌纪念碑。

图 1-12　万里长城

都江堰(见图 1-14)和京杭大运河是我国古代水利工程的杰出代表。

图 1-13　赵州桥

图 1-14　都江堰

都江堰位于四川省灌县的岷江上,始建于公元前 256 年,由当时秦蜀郡太守李冰父子主持修建,是迄今为止全世界上现存的最古老的伟大水利工程,目前仍可用于灌溉。都江堰以无坝引水为特征,工程主要包括鱼嘴分水堤、飞沙堰溢洪道、宝瓶口进水口三大部分,科学地解决了江水自动分流、自动排沙、控制进水流量等问题,消除了水患,使川西平原成为"水旱从人"的"天府之国"。于公元前 486 年开始建造,完成于隋大业六年(公元 610年)的京杭大运河,全长 1 749 km,是世界上建造最早、里程最长的人工开凿的河道。京杭大运河北起北京,南到杭州,流经河北、山东、江苏、浙江四省,贯通海河、黄河、长江、淮河、钱塘江五大水系,至今该运河的江苏段和浙江段仍是重要的水运通道。

国外传世至今的古代土木工程(或工程遗址)大多数是砖石结构的。

古埃及帝王陵墓建筑群——吉萨金字塔群(见图 1-15),建于公元前 2 700 ~ 2 600年,其中最大的一座是胡夫金字塔,用淡黄色石灰石砌筑,外贴一层磨光的白色石灰石。塔身是精确的正方锥形,彼此平面位置沿对角线相接。其塔基底呈正方形,每边长 230.5 m,高约 146 m,用 230 余万块巨石砌筑而成。

公元前 447 年开始兴建的帕特农神庙(见图 1-16),代表了古希腊建筑艺术的最高水平。帕特农神庙位于希腊共和国首都雅典卫城坐落的古城堡中心,庙内有前殿、正殿和后

图 1-15　金字塔

殿,主体呈长方形,背西朝东,耸立于 3 层台阶上,玉阶巨柱,遍饰浮雕,蔚为壮观。整个庙宇由凿有凹槽的 46 根高达 34 ft(1 ft = 0.304 8 m)的大理石柱环绕,柱间大理石砌成的 92 堵殿墙上,雕刻着栩栩如生的各种神像和珍禽异兽。神庙历经 2 000 多年的沧桑之变,如今庙顶已坍塌,雕像荡然无存,浮雕剥蚀严重,但从巍然屹立的柱廊中,依然可见神庙当年的风姿。

图 1-16　帕特农神庙

　　圣索菲亚大教堂(见图 1-17)位于土耳其,于公元 532 年开始修建,是拜占庭式建筑的典范。教堂内部结构复杂,正厅之上覆盖着一个直径达 31.24 m、离地约 55.6 m 的中央穹顶,圆顶下连绵的拱廊使圆顶看似失重,其下方的 40 个拱形窗户引进光线,营造出神秘的光线效果充斥在正厅各处,使圆顶看起来似乎悬浮在正厅之上。室内地面、墙壁、廊柱铺贴多色大理石,以及绿白带紫的斑岩,柱头、拱门、飞檐等处以雕花装饰。

　　在这一时期,虽然并没有形成指导土木工程设计的相关理论,但是为了行业的发展,我国的土木工程建设者借助文字将一些建造经验进行总结归纳和形象描述,这样就产生了专门的土木工程著作,比如公元前 5 世纪的《考工记》(总结了 6 门工艺、30 个工种的技术规则)、公元 1100 年前后(北宋)李诚编写的《营造法式》(详细阐述了建筑设计方法、建筑施工方法、工料计算方法等)、明代民间流传的《鲁班经》(介绍了建房的工序和常用的构架形式及简要的综合知识等)等。国外最早的土木工程著作出现于 1485 年前后,是意大利人阿尔伯蒂撰写的《论建筑》,该书对当时流行的欧洲古典建筑在比例、制式、城市规

图 1-17　圣索菲亚大教堂穹顶

划方面的经验进行了较为系统的总结。

由此可见，在古代土木工程 7 000 余年的发展历史中，我国的土木工程技术水平一直处于世界领先地位。

1.3.1.2　近代土木工程

近代土木工程的时间阶段大致是从 17 世纪中叶至 20 世纪中叶，历时 300 余年。在这一时期，席卷欧美各国的工业革命导致社会生产关系发生巨大变革，科学技术有了飞跃式发展，也促进了土木工程的快速发展和巨大进步，使其逐步成为一门独立的学科。这一时期土木工程的特点主要有以下几个方面。

1. 初步形成了指导土木工程设计、计算的基本理论（力学和结构理论）

1638 年，意大利科学家伽利略在出版的著作《关于两门新科学的谈话和数学证明》（材料力学和动力学）中论述了建筑材料的力学性质和梁的强度，首次用公式表达了梁的设计理论；1687 年，英国学者牛顿总结出力学三大定律，奠定了土木工程力学分析的理论基础；同年，英国科学家虎克发表了虎克定律，即在弹性限度内材料的变形与力成正比；1744 年，瑞士数学家欧拉出版了《曲线的变分法》，建立了柱的压屈理论，给出了计算柱临界压力的公式，为分析土木工程结构物的稳定问题奠定了基础；1825 年，纳维建立了土木工程中结构设计的容许应力法。

1906 年美国旧金山大地震，1923 年日本关东大地震，1940 年美国塔科马悬索桥毁于风振，这些自然灾害推动了工程抗震技术和结构动力学的发展。在这一时期，超静定结构计算方法不断得到完善，在弹性理论成熟的同时，塑性理论、极限平衡理论也得到了发展。

2. 新型土木工程材料相继出现

新型土木工程材料如水泥、混凝土、钢材、预应力混凝土等相继出现，并得到了广泛应用。

1824 年，英国人阿斯普丁取得了波特兰水泥的专利权；20 世纪初，水灰比等学说发表，初步奠定了混凝土强度的理论基础；1859 年，出现了贝塞麦转炉炼钢法，使钢材得以大量生产并广泛应用于土木工程中；1867 年，法国人莫尼埃在混凝土里埋置铁丝网做成了一个大花盆，并将这种方法应用到土木工程中，建造了一座蓄水池和第一座长 16 m 的钢筋混凝土桥，开创了钢筋混凝土应用的先河，成为土木工程史上具有重大里程碑意义的事件；德国人于 1884 年购买了莫尼埃的专利进行了钢筋混凝土的试验研究，德国工程师威斯、克嫩、鲍兴格尔等在 1887 年前后提出了应将钢筋配置在结构受拉部位的观点和钢筋混凝土板的计算方法,使钢筋混凝土在建筑结构中得到了广泛应用;1886 年,美国人杰克逊首先应用预应力混凝土制作建筑配件;1930 年,法国工程师弗涅希内将高强度钢丝用于混凝土,预应力混凝土得到应用。

3. 新的施工技术和施工机械快速发展

在这一时期,随着土木工程新型建筑材料的出现,相应的施工技术如钢筋混凝施工技术、钢结构工程施工技术等也不断发展。19 世纪 60 年代内燃机和 70 年代电机相继出现,很快就创造出各种各样的起重运输、材料加工、现场施工用的专用机械和配套机械。第一项有关建筑用塔机专利颁发于 1900 年,1923 年制成了近代塔机的原型样机,1930 年德国开始批量生产用于土木工程施工的塔机。

土木工程施工技术和施工机械的发展,为快速、高效地建造土木工程提供了有力的手段。1825 年,英国首次使用盾构开凿泰晤士河河底隧道;1871 年,瑞士用风钻修筑 8 mi (1 mi = 1.609 344 km) 长的隧道;1906 年,瑞士修筑通往意大利的 19.8 km 长的辛普朗隧道,使用了大量黄色炸药以及凿岩机等先进设备。

4. 土木工程发展到成熟阶段,建设规模前所未有

1) 工业厂房向大跨度发展,民用建筑向高层发展

位于美国芝加哥的家庭保险公司大楼(见图 1-18),建造于 1883 年,共 10 层,高 55 m,是世界上第一幢按现代钢框架结构原理建造的高层建筑,铁框架(部分钢梁)承担全部大楼里的重力,外墙仅为自承重墙,开创了摩天大楼建造的先河。1889 年建成的埃菲尔铁塔(见图 1-19)位于法国巴黎市内,以设计师古斯塔夫·埃菲尔命名。塔高 300 m,具有曲线形轮廓,横断面为四边形,底部边宽 100 m。整座塔用钢量约 8 500 t,钢桩基础,采用拱形门解决大跨度问题。1931 年,美国纽约的帝国大厦(见图 1-20)落成,共 102 层,高 378 m,1951 ~ 1952 年加装电视天线后,总高度达到 449 m。内设各种复杂的管网系统,可谓集当时技术成就之大成,自建成起直到 1971 年,保持世界房屋最高记录达 40 年之久。1925 ~ 1933 年在法国、苏联和美国分别建成了跨度达 60 m 的圆壳、扁壳和圆形悬索屋盖。

图 1-18　芝加哥家庭保险公司大楼　　　　　图 1-19　巴黎埃菲尔铁塔

2) 土木工程在铁路、公路和桥梁建设中得到大规模发展

1825 年,英国人斯蒂芬森在英格兰北部斯多克斯和达林顿之间修筑了世界第一条长 21 km 的铁路;1863 年,英国又在伦敦建成了世界第一条地下铁路。1931 ~ 1942 年,德国率先修筑了长达 3 860 km 的高速公路网;1932 年,德国试建从科隆到波恩的双向 4 车道全部立体交叉的汽车专用公路,是远程公路中技术标准最高的一类公路,成为世界上第一条高速公路。到第二次世界大战结束时,全德国建成的高速公路已达 3 860 km,尚有 2 500 km 处于施工中断之中,德国修建高速公路的意义和经验得到世界性的公认和推广。

图 1-20　纽约帝国大厦

在桥梁方面,建成于 1779 年的英国科尔布鲁克代尔桥(见图 1-21),是一座完全模仿木拱桥形状的铸铁拱桥,桥跨约 30.5 m,矢高 13.7 m,由五片半圆形拱肋组成;位于英国威尔士的梅奈海峡桥(见图 1-22),1826 年建成,是英国用铸铁建成的第一座悬索桥,主跨 177 m,为当时世界上最大跨度的桥梁,现仍存在;1890 年由贝格设计并建成的福斯桥(见图 1-23),位于英国爱丁堡附近,是一座两孔主跨达 521 m 的悬臂式桁架桥,耗钢 50 000 t,至今仍在使用。至此,现代桥梁的三种基本形式(梁式桥、拱桥、悬索桥)相继出现。

图 1-21　英国科尔布鲁克代尔桥

图 1-22　英国梅奈海峡桥

随着钢铁质量的提高和产量的提升,建造大跨桥梁成为现实。1918 年,加拿大魁北克悬臂桥,跨度为 548.6 m;1931 年,美国纽约建成乔治·华盛顿桥,主跨为 1 067 m,是第一座单跨超千米的大跨桥梁;1937 年建成的美国旧金山金门大桥,悬索结构,跨度 1 280 m,全长 2 825 m,是公路桥的代表性工程;1932 年,澳大利亚建成悉尼港桥,为双铰钢拱结构,跨度为 503 m。

3) 我国近代土木工程的成就

近代土木工程的时间阶段,从历史时间来讲,与我国近代史阶段(从 1840 年鸦片战争

图 1-23　英国福斯桥

开始至 1949 年中华人民共和国成立)几乎重合,因此我国近代土木工程史被深深地打上了半殖民地半封建社会的烙印。相对西方资本主义国家,这一时期我国内忧外患,国力孱弱,土木工程发展缓慢。

　　我国富有代表性的近代建筑当属 1929 年在南京建成的中山陵(见图 1-24)和 1931 年建成的广州中山纪念堂(见图 1-25)。中山陵位于南京东郊紫金山南麓,依山势而建,空中俯视,整个陵区恰像一口大钟,寓意警钟长鸣,整体布局严整,气度恢弘,被誉为“中国近代建筑史的第一陵”。广州中山纪念堂是我国大型公共会堂的开山之作,建筑面积为 3 700 m²,高 49 m,堂内有一个近似圆形的大会堂,直径 71 m,分上、下两层,共有座位 4 700 多个,是广州最具标致性的建筑物之一。这两座建筑均由吕彦直(1913 年清华学堂毕业,后以庚款公费赴美国康奈尔大学留学)主持建筑部分设计。为确保工程质量,他不顾个人安危,选料、监工一丝不苟,积劳成疾,去世时年仅 36 岁,被称作“中国近现代建筑的奠基人”。

图 1-24　南京中山陵

图 1-25　广州中山纪念堂

　　中国人自己设计修建的第一条铁路是京张铁路(北京到张家口),由詹天佑主持修建,于 1909 年竣工,比原计划提前两年,总费用只有外国承包商索价的 1/5。其全长 200 km,全程有 4 条隧道,其中八达岭隧道长 1 091 m,达到当时世界先进水平,在我国和世界铁路史上留下了光辉的一页。

　　由茅以升主持修建的钱塘江大桥(见图 1-26),长 1 453 m,位于杭州六和塔附近的钱塘江上,是我国第一座自行设计组织建造的公铁两用特大桥,也是我国铁路桥梁史上一个辉煌的里程碑。钱塘江大桥于 1934 年开始动工,于 1937 年 9 月 26 日建成。在通车的第

图 1-26　钱塘江大桥

89 天,即 1937 年 12 月 23 日,为阻断日军从浙北南下而炸毁,两座桥墩被毁坏,五孔钢梁折断落入江中。抗日战争胜利后,在茅以升的亲自主持下,钱塘江大桥又成功修复,实现了他"抗战必胜,此桥必复"的誓言。钱塘江大桥工程建成于抗日烽火之中,前后 14 年,经历了建桥、炸桥、修桥三个时期,古今中外建桥史中从无先例,不仅在中华民族抗击外来侵略者的斗争中书写了可歌可泣的一页,而且在钱塘江大桥的建造和维修过程中,培养了我国第一代现代桥梁工程师。

1934 年,在上海相继建成了 24 层钢结构的国际饭店,21 层的百老汇大厦(今上海大厦)和 12 层钢筋混凝土结构的大新公司;由中国工程师设计修建了浙赣铁路、粤汉铁路的株洲至韶关段以及陇海铁路西段等铁路,到 1936 年,我国已有近代公路 110 000 km;在材料方面,1889 年在唐山出现了中国第一个水泥厂,1910 年开始生产机制砖;1912 年成立中华工程师会,詹天佑为首任会长,20 世纪 30 年代成立了我国土木工程师学会。这些工程和事件在我国近代土木工程史上都具有一定的代表性。

1.3.1.3　现代土木工程

现代土木工程的时间阶段是从 20 世纪中叶即第二次世界大战结束后至今。第二次世界大战结束后,社会生产力出现了新的飞跃,现代科学技术突飞猛进,为土木工程的进一步发展提供了强大的物质基础和技术手段,土木工程进入一个新时代。这一时期,社会经济的发展对土木工程提出了更高标准的、日益复杂化的要求。在这样的背景下,现代土木工程主要呈现出以下特点。

1. 功能要求多样化

现代土木工程的特征之一,是工程设施同它的使用功能或生产工艺更紧密地结合。复杂的现代生产过程和日益提高的生活水平,对土木工程提出了各种专门的要求。现代土木工程为了适应不同工业的发展,有的工程规模极为宏大。如大型水坝混凝土用量达数千万立方米,大型高炉的基础也达数千立方米;有的则要求十分精密,如电子工业和精密仪器工业要求能防微振。现代公共建筑和住宅建筑不再仅仅是传统意义上"徒具四壁"的房屋,而要求同采暖、通风、给水、排水、供电、供燃气等种种现代技术设备结合成一体。

2. 城市建设立体化

随着经济发展和人口增长,城市人口密度迅速加大,城市用地紧张、交通拥挤、地价昂贵,这就迫使房屋建筑向高层发展;而现代土木工程设计理论的进步和土木工程材料的发展改进,出现了新的结构体系,如剪力墙、筒中筒结构等,使得建造高层建筑成为可能。在现代,高层建筑已经成了现代化城市的象征。

美国芝加哥于1974年建成的西尔斯大厦,高433 m,超过1931年建成的378 m高的纽约帝国大厦,成为当时世界上最高的建筑物,并将这一记录保持了20多年。位于马来西亚吉隆坡的石油双塔大厦,高452 m,建于1996年。1998年建成的上海金茂大厦,高度421 m,地上88层,地下3层,总建筑面积29万 m^2,是我国首座高度超过400 m的高层建筑。2004年,位于中国台湾台北市的台北101大楼建成,地上101层,地下5层,高度508 m,成为当时世界最高的摩天大楼。2008年竣工的上海环球金融中心,紧靠金茂大厦,地上101层,地下3层,主体结构高度492 m。2016年,总体正式全部完工的上海中心大厦(见图1-27),总高度632 m,结构高度为580 m,是我国目前第一高楼。正在施工中的武汉绿地中心,设计高度636 m,截止到2017年6月,已施工至450 m,2019年竣工后,武汉绿地中心将超越上海中心大厦,成为我国第一高楼。

城市为了解决交通问题,光靠传统的地面交通已无能为力,于是一方面修建地下交通网,另一方面又修建高架公路网或轨道交通。随着地下铁道的兴建,地下商业街、地下停车场、地下仓库、地下工厂、地下旅店等也陆续发展起来。而高架道路的造价比地下铁道要经济得多,因而大中城市纷纷建设高架公路、高架轨道交通。高架道路与城市立交桥的兴建不仅缓解了城市交通问题,而且为城市的面貌增添了风采。现代化城市建设是地面、空中和地下同时展开,形成了立体化发展的局面。

图1-27　上海中心大厦

3. 工程设施大型化

20世纪90年代以来,随着电子信息技术革命的兴起,带来了社会经济高速发展,城市化进程不断加快,由此产生强劲的基础设施建设需求,工程设施建设规模大型化的趋势日益明显。

除上述介绍过的高层建筑外,在高耸结构方面,加拿大多伦多电视塔,横截面为Y形,高549 m;1967年建成的莫斯科电视塔,高537 m。我国上海于1995年建成的上海东方明珠塔,高468 m;吉隆坡电视塔,高421 m;2009年落成的广州电视塔高度达616 m;2011年落成的日本东京天空树塔高634 m。

在大跨度建筑方面,主要是体育馆、展览馆和大型储罐。如美国西雅图的金群体育馆,钢结构穹球顶,直径达202 m;法国巴黎工业展览馆的屋盖跨度为218 m×218 m,由装配式薄壳组成;中国国家体育场馆"鸟巢",长轴最大跨度达333 m,短轴最大跨度达297 m;北京工人体育馆为悬索屋盖,直径90 m;日本于1993年建成的预应力混凝土液化气储罐,容量达 14 万 m³;在瑞典、挪威、法国等欧洲国家,在地下岩石中修建的油库和气库,其容量高达几十万甚至上百万立方米。

在大跨度桥梁方面,1981 年英国建成当时世界第一大跨度(1 410 m)的恒伯尔桥,并一直将此记录保持到 1998 年;日本明石海峡大桥,主跨 1 991 m,于 1998 年建成,首次采用 1 800 MPa 级超高强钢丝,也是第一座用顶推法施工的跨谷悬索桥;1998 年建成的丹麦大贝尔特东桥,是一座公路悬索桥,全长 6 790 m,主跨 1 624 m;悉尼港湾桥是一座跨度 503 m 的钢拱桥,是悉尼的标志性建筑之一;美国的奇尔文科钢拱桥跨度 503.6 m,略超悉尼港湾桥;1994 年建成的主跨 856 m 的法国诺曼底斜拉桥,被誉为"20 世纪世界最美的桥梁"。20 世纪 90 年代以后,我国在桥梁建设方面取得了举世瞩目的成就。2016 年底开通的北盘江大桥(见图 1-28),位于云南省宣威市普立乡尼珠河大峡谷,垂直高度 565 m(几乎相当于 200 层楼高),是目前世界第一高桥,将黔、川、滇三省交界区域快速融入全国高速公路网。北盘江大桥是一座全长 721.25 m 的钢筋混凝土拱桥,主跨 445 m,桥面距江面约 300 m;矮寨特大悬索桥(见图 1-29)为钢桁加劲梁单跨悬索桥,桥身全长约 1 073.65 m,悬索桥的主跨为 1 176 m;2017 年底开通的中国港珠澳大桥,连接香港大屿山、澳门半岛和广东省珠海市,全长为 49.968 km,是世界最长的跨海大桥。

图 1-28　北盘江大桥

图 1-29　矮寨特大悬索桥

在隧道方面,圣哥达铁路隧道全长 57 km;英吉利海峡海底隧道横穿英吉利海峡最窄处,全长 50.5 km;我国的青藏铁路新关角隧道全长 32.64 km。

在水利工程方面,目前世界上最高的重力坝为瑞士的大狄克桑坝,高 285 m;其次是俄罗斯的萨杨苏申克坝,高 245 m;我国三峡水电站大坝全长 2 309 m,最大坝高 181 m,坝顶宽度 15 m,底部宽度为 124 m,总装机容量 1 820 万 kW,是世界上规模最大的水电工程。

4.材料轻质高强化

现代土木工程材料进一步变得轻质化和高强化。工程用钢的发展趋势是采用低合金钢。我国从 20 纪 60 年代起普遍推广锰硅系列和其他系列的低合金钢,大大节约了钢材用量并改善了结构性能。高强钢丝、钢绞线和粗钢筋的大量生产,使预应力混凝土结构在桥梁、房屋等工程中得以推广。标号为 500 ~ 600 号的水泥已在工程中普遍应用,近年来轻集料混凝土和加气混凝土已用于高层建筑。例如,美国休斯敦的贝壳广场大楼,用普通混凝土只能建 35 层,改用了陶粒混凝土,自重大大减轻,用同样的造价建造了 52 层。而大跨、高层、结构复杂的工程又反过来要求混凝土进一步轻质化、高强化。

5.施工过程机械化

工程机械的广泛应用,大大提高了施工速度、效率和施工质量,减少了安全事故,减轻了工人的劳动强度,而且使大型工程建设变成可能。如目前大型隧道施工已经比较广泛地使用盾构机,世界上最大的盾构机直径达 14. 44 m,我国生产的最大盾构机直径为 12 m,刀头加盾身的质量就达到 1 600 t。大型吊装机械在高层建筑施工中起到不可替代的作用。上海环球金融中心吊装中采用的两台 M900D 塔吊,是目前国内房屋建筑领域中起重量最大、高度可达 500 m 的巨型变臂塔吊,总重量达 225. 4 t。大厦封顶后,该塔吊在 500 m 高空拆卸,属世界首创。高强度、高耐久、高流态、高泵送混凝土技术在工程中得到普遍推广应用。上海环球金融中心基础施工中使用 19 台泵车、350 辆混凝土搅拌车,一次连续 40 h 浇筑主楼底板 3. 69 万 m³ 混凝土,同时在主体结构施工中将混凝土一次泵送至 492 m 高空,创造了世界混疑土浇筑高度的新纪录。

6.设计理论完善化

结构理论的发展与完善也是现代土木工程快速发展的重要基础和标志。现代社会对土木工程的要求日益多样化,土木工程技术不仅要能快速建设大量的一般工程,还要解决大量复杂工程的关键问题,同时要使所建造的工程具有预定的功能和抵御各种自然灾害的能力。如没有理论的发展和完善,这些要求就不可能实现。传统的依靠经验建造工程的时代,不仅不能解决大量一般工程的快速建设问题,更不能解决超高、大跨度等复杂工程的设计和施工问题,因为无法解决复杂工况的计算分析及复杂条件与环境的施工问题。由于试验设备与技术、结构非线性分析理论、材料多轴循环本构关系以及计算机技术的高度发展,结构分析计算理论与方法有了重大突破,结构设计方法实现了从经验方法、安全系数法到可靠度设计方法的过渡进入 21 世纪,基于性能设计理论、抗连续倒塌设计理论、结构耐久性理论、结构的振动控制理论,结构试验技术等又有了重大发展,所形成的理论逐渐在实际工程中应用,在工程结构的防灾减灾中发挥着巨大作用。

1.3.2　土木工程的发展展望

现代科技发展日新月异,人类社会面临着新的挑战与机遇,土木工程在新的历史时期的发展方向可能有以下几个方面。

1.3.2.1　土木工程向更宽广的范围延伸

随着城市化建设进程的加深,人口膨胀、生存空间拥挤、交通拥堵、建筑密集情况已经十分普遍。高层建筑、超高层建筑大量兴建,标志着土木工程向更广阔的空间延伸。例如向高空发展、向地下发展、向海洋发展、向沙漠进军等,是土木工程发展的必然趋势。

地球上的海洋面积占整个地球表面积的 70% 左右,近代人类已经开始向海洋开拓。为了防止噪声对居民的影响,也为了节约用地,许多机场已开始填海造地:如我国的澳门机场、日本的关西国际机场均修筑了海上的人工岛,在岛上建跑道和候机楼;香港大屿山国际机场劈山填海等,都是利用海面造福人类的宏大工程。海洋土木工程的兴建,不仅可解决陆地土地少的矛盾,而且将为海底油、气资源及矿物的开发提供立足之地。世界上陆地中约有 1/3 为沙漠或荒漠地区,千里荒沙、渺无人烟,目前还很少开发。沙漠难以利用的原因主要是缺水,生态环境恶劣,日夜温差太大,空气干燥、太阳辐射强,不适于人类生存。近代许多国家已开始沙漠改造工程。沙漠的改造利用不仅增加了有效土地利用面积,而且改善了全球生态环境。此外,向太空发展是人类长期的梦想,在 21 世纪这一梦想有可能变为现实。

1.3.2.2　工程材料向轻质、高强、多功能化发展

近百年来,土木工程的结构材料主要还是钢材、混凝土、木材和砖石。21 世纪在工程材料方面希望有较大突破。高强材料、合成材料、人工智能材料的研究与开发应用将会替代传统材料,既降低了材料的费用,又提高了材料的性能。

1.3.2.3　信息和智能化技术全面引入土木工程

信息和智能化技术在工业、农业、运输业和军事工业等各行各业中得到了愈来愈广泛的应用,土木工程也不例外,将这些高新技术用于土木工程将是今后相当长时间内的重要发展方向。

1.4　土木工程的课程任务和学习建议

1.4.1　土木工程的课程任务

高等土木工程专业本科教育课程包括基础理论和应用理论两个方面。基础理论主要包括高等数学、物理和化学;应用理论内容较多,包括基本工程力学(理论力学、材料力学)、结构力学、流体力学、土力学与工程地质学等。土木工程的专业知识与技术包括建筑结构(如钢结构、混凝土与砌体结构等)的设计理论和方法、土木工程施工技术与组织管理、房屋建筑学、工程经济、建筑法规、土木工程材料、基础工程、结构试验、土木工程抗震设计等。学习土木工程需要的相关知识还包括给水排水、供暖通风、电工电子、工程机械等。土木工程需要掌握的技能有工程制图、工程测量、材料与结构试验、外语和计算机在土木工程中的应用等。

1.4.2　学习建议

土木工程专业教学主要包括课堂教学、试验教学、课程设计及实习等环节。这些环节

在教学中所发挥的作用各不相同,不可或缺。

1.4.2.1　课堂教学

课堂教学是学生学习最主要的形式,即通过老师的讲授、学生听课而学习。在课堂上,要注意记住老师讲解的思路、重点、难点和主要结论。

1.4.2.2　试验教学

通过试验手段掌握试验技术,弄懂科学原理。在土木工程专业中开设材料试验、土力学试验、结构检验等试验课,不仅是学习基本理论的需要,也是同学们熟悉国家有关试验、检测规程,熟悉试验方法及学习撰写试验报告的需要。不要有重理论轻试验的思想,应认真做好每一次试验,并鼓励同学们自主设计、规划试验。

1.4.2.3　课程设计

课程设计是培养学生综合运用所学知识,发现、提出、分析和解决实际问题,并以工程图及说明书来表达自己的设计意图,是锻炼实践能力的重要环节,是对学生实际工作能力的具体训练和考察过程,是将教学环节中学习到的知识点向工程实际应用转换的过渡。土木工程专业的课程设计一般包括建筑制图、混凝土结构楼盖设计、单层工业厂房设计、房屋建筑学设计、钢结构课程设计、基础工程设计、施工组织设计,以及最后的毕业设计。

1.4.2.4　实习

实习的目的是贯彻理论联系实际的原则,使学生到施工现场或管理部门学习生产技术和管理知识。实习不仅是对学生的知识技能的一种训练,也是对学生敬业精神、劳动纪律和职业道德的综合检验。土木工程专业的相关实习内容包括测量实习、认知实习、生产实习以及毕业实习等。

在实习过程中,同学们要有认真的态度,做到多学、多问、多看,处处留心,虚心向工程技术人员、工人师傅请教。不但可以检验学生书本所学知识,也可以使学生学到许多课外技能。

第 2 章 土木工程设施

　　土木工程源于修造房屋,满足人们的居住之需,起遮风避雨、消暑防冻的作用。具体来说,土木工程是建造各类工程设施的科学技术的总称,它既指工程建设的对象,即建造在地上、地下、水中的各类工程设施;也指所应用的材料、设备和所进行的勘察、设计、施工、维护等技术活动。金字塔、都江堰、赵州桥、万里长城、故宫、京杭大运河、埃菲尔铁塔、钱塘江大桥、东方明珠广播电视塔等一系列大型经典工程无不体现了人类文明的进步和土木工程的发展。

　　土木工程的发展经历了三个历史时期:古代土木工程、近代土木工程和现代土木工程。其中,自 20 世纪中叶至今的土木工程称为现代土木工程,其范围很广,包含建筑工程、交通土建工程、桥梁工程、隧道与地下工程、水利水电工程和给水排水工程等。现代工程项目投资一般少则数百万,多则上千亿,工期可长达数年甚至十几年。例如,我国第一条高速铁路——京沪高速铁路,正线全长约 1 318 km,实施全封闭、全立交,为客运专线,设计时速为 350 km。2008 年 4 月开工,2011 年 6 月建成通车,历时 3 年多,总投资约 2 209 亿元;又如南水北调东、中线工程一期,历时 11 年,总投资近 2 600 亿元。

　　本章介绍主要的土木工程设施,以便全面认识和了解土木工程的组成、架构及应用。

2.1　建筑工程

　　建筑工程过去称为工业与民用建筑(即工民建),它是对新建、扩建或改建房屋建筑物和附属构筑物设施所进行的规划、勘察、设计、施工、竣工等各项技术工作和完成的工程实体。

　　建筑结构是在一个空间中用各种基本的结构构件集而合成并具有某种特征的有机体。只有当人们将各种基本构件合理地集合成主体结构体系,并将其有效联系起来,才可能组成一个具有使用功能的空间,并使之作为一个整体结构将作用在其上的荷载传递到地基。

2.1.1　基本构件与结构体系

　　建筑物一般指供人们进行生产、生活或其他活动的房屋或场所,如办公楼、住宅、教学楼等。建筑物包括承重结构和围护结构两部分,承重结构指建筑物中用来承受各种荷载或者能起到骨架作用的空间受力体系;围护结构指建筑物及房间各面的围挡物,如门、窗等。

　　构成结构的各个元素称为结构构件。常见的基本构件有板、梁、柱、墙等。

2.1.1.1　基本构件

1.板

板是指平面尺寸较大而厚度相对较小的受弯构件,一般水平放置,但有时也斜向放置(如楼梯板)或竖向放置(如墙板)。其主要承受垂直于板面方向的荷载,受力以弯矩、剪力、扭矩为主,但在结构计算中剪力和扭矩往往可以忽略不计。

板的种类繁多,按受力特点可分为单向板和双向板两种。根据《混凝土结构设计规范》(GB 50010—2010),当长边与短边长度之比小于或等于 2.0 时,应按双向板计算;当长边与短边长度之比大于 2.0,但小于 3.0 时,宜按双向板计算;长边与短边长度之比大于或等于 3.0 时,可按沿短边方向受力的单向板计算。

单向板指板上的荷载沿一个方向传递到支承构件上的板,双向板指板上的荷载沿两个方向传递到支承构件上的板,分别如图 2-1 和图 2-2 所示。

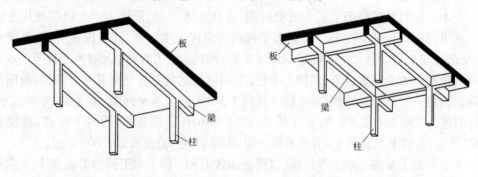

图 2-1　单向板　　　　　　　　　　　图 2-2　双向板

2.梁

梁是工程结构中的受弯构件,通常水平放置,但有时也斜向设置以满足使用要求,如楼梯梁。梁的截面高度与跨度之比一般为 1/8 ~ 1/16,梁的截面高度通常大于其宽度,主要承受与其轴线垂直的横向荷载。

梁的种类如下:

(1)梁按截面形式可分为矩形梁、T 形梁、倒 T 形梁、L 形梁、Z 形梁、槽形梁、箱形梁、空腹梁、叠合梁、花篮梁等,如图 2-3 和图 2-4 所示。

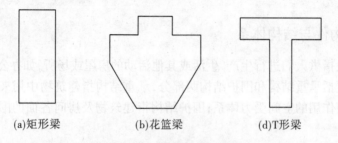

(a)矩形梁　　　　　　(b)花篮梁　　　　　　(d)T形梁

图 2-3　钢筋混凝土梁的截面类型

(2)按所用材料分为钢梁、钢筋混凝土梁、预应力混凝土梁、木梁以及钢与混凝土组

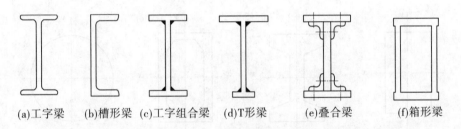

(a)工字梁　(b)槽形梁　(c)工字组合梁　(d)T形梁　(e)叠合梁　(f)箱形梁

图 2-4　钢梁的截面类型

成的组合梁等。

（3）按梁的常见支承方式分为简支梁、悬臂梁、一端简支另一端固定梁、两端固定梁、连续梁等,如图 2-5 所示。

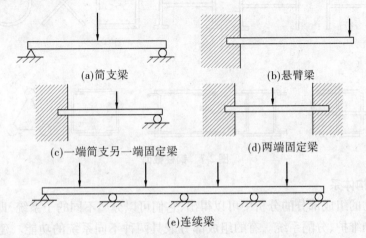

(a)简支梁　　　　　　　　(b)悬臂梁

(c)一端简支另一端固定梁　　　(d)两端固定梁

(e)连续梁

图 2-5　梁的支承方式

（4）按在结构中的位置可分为主梁、次梁、连梁、圈梁、过梁等。

3. 柱

柱是指承受梁传来的荷载及其自重的线形构件,其截面尺寸远小于高度,工程中柱主要承受压力,有时也承受弯矩。

柱按截面形式可分为方柱、圆柱、管柱、矩形柱、工字形柱、H 形柱、L 形柱、十字形柱、双肢柱等。柱按所用材料分为砖柱、混凝土柱、钢柱、钢筋混凝土柱等。如图 2-6 所示为常见的混凝土柱截面形式,图 2-7 为常见的不同截面形式的钢柱。

工程中,最常见的柱是钢筋混凝土组合柱,广泛应用于各种建筑。钢筋混凝土柱按制造方法和施工方法可分为现浇柱和预制柱两种。

4. 墙

墙是一种竖向平面或曲面构件,墙的长度和宽度远大于其厚度。墙主要承受自重,也可能承受其上梁、板传来的压力,荷载作用方向通常与墙面平行。

墙按受力情况有以承受重力为主的承重墙、以承受风力或地震产生的水平力为主的剪力墙,以及作为隔断等非受力作用的非承重墙等。

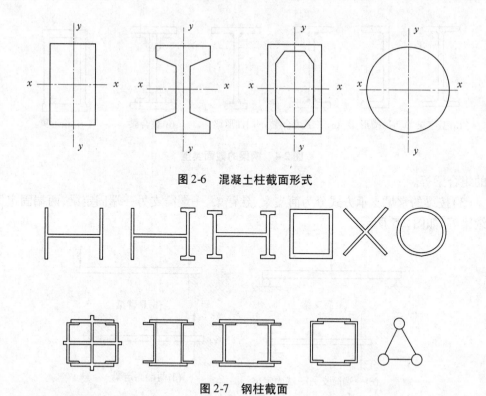

图 2-6　混凝土柱截面形式

图 2-7　钢柱截面

2.1.1.2　结构体系

从建筑物的组成部分的分析中可以得出,它们可以分属不同的子系统,即建筑物的结构支承系统和维护、分隔系统。有的组成部分兼具两种不同系统的功能。建筑物的结构支承系统指建筑物的结构受力系统以及保证结构稳定性的系统。不同类型的结构体系,由于材料、构件组成关系、力学特征等不同,其所适用的建筑类型是不尽相同的。

按照结构体系的不同,可以将建筑分为墙体承重结构、骨架结构体系和空间结构体系。

墙体承重结构支承系统是以部分或全部建筑外墙以及若干内墙作为垂直支承系统的一种体系。根据建筑物的建造材料、高度、荷载等要求,墙体承重结构主要分为砌体墙承重的混合结构系统和钢筋混凝土墙承重系统。前者主要用于低层和多层的民用建筑,特别是住宅、旅馆、学校、幼托、办公用房和一些小型商业用房、工业厂房、诊疗所等,后者主要用于高层建筑,特别是高层的办公楼、旅馆、病房、住宅等建筑中。

与墙体承重结构比较而言,骨架承重结构体系在建筑空间布置上实现了“用两根柱子和一根横梁来取代一片承重墙”的构思,适用于需要灵活分隔空间或是内部空旷的建筑物,而且建筑立面处理也较为灵活。根据受力特点不同,其又可以分为框架结构、框剪结构、筒体结构、板柱结构等。

框架结构主要结构承重构件为板、梁和柱,不承重的围护、分隔构件在主体骨架结构完成后再施工,空间分隔较自由,建筑形态可有较多变化,但要求柱网对位需清晰,布置不宜过于烦琐,主要用于多层建筑中,如商场、教学楼等。在框架结构的适当部位设置一定数量的剪力墙,就形成了框剪结构,该结构体系被广泛地应用于高层建筑中。

由密柱高梁空间框架或空间剪力墙所组成,在水平荷载作用下起整体空间作用的抗侧力构件称为筒体。它适用于平面或竖向布置繁杂、水平荷载大的高层建筑。

2.1.2 单层建筑与多层建筑

建筑物通常可以按使用性质、建筑层数、主体结构所用材料、主体结构形式等进行分类。按照使用性质可以分为民用建筑、工业建筑和农业建筑,其中民用建筑又可分为公共建筑和居住建筑;按照建筑层数可分为单层建筑、多层建筑和高层建筑;按照主体结构形式可分为混合结构、框架结构、剪力墙结构、框剪结构、筒体结构等。

建筑高度指建筑物从室外地面到其檐口或屋面面层的高度,屋顶上的水箱间、电梯机房、楼梯小出口等均不计入。

对于公共建筑:按高度区分,高度超过 24 m 的为高层建筑,等于或低于 24 m 的为单层建筑或多层建筑。对于居住建筑:1 ~ 3 层为低层,4 ~ 6 层为多层,7 ~ 9 层为中高层,10层及其以上为高层。另外,人们把 10 ~ 12 层的高层住宅称为小高层,通常采取一梯 2 ~ 3户的多层住宅布局形式,其安全疏散要求较高层略低,也更有利于套型的布置。

无论是居住建筑还是公共建筑,其高度超过 100 m 时均为超高层建筑,其安全设备、设施配置要求要严格得多。

2.1.2.1 单层建筑

影剧院、工程结构实验室、别墅、车库、仓库、厂房等往往采用单层建筑。单层建筑包括一般单层建筑和大跨度建筑。其中,一般单层建筑按照使用目的又可分为单层民用建筑和单层工业厂房。

1. 单层民用建筑

1)砖混结构

砖混结构是用砖柱(或砖墙)、钢筋混凝土楼板和屋顶作为主要承重结构,适合开间进深较小,房间面积小的单层建筑或多层建筑,如图 2-8 所示。砖混结构在我国应用较为广泛,目前为保护耕地,国家已逐渐禁止大面积使用黏土砖,逐步推广空心砌块的使用。

2)砖木结构

砖木结构是用砖柱(或砖墙)、木楼板和木屋顶作为主要承重结构,如图 2-9 所示。这种结构建造简单,容易就地取材而且费用较低。通常用于农村的屋舍、庙宇建筑等,比较典型的有著名的福建土楼(见图 2-10)和客家土楼。

3)竹结构

竹材具有强度高、韧性好、耐磨损、再生性强等特点,是一种绿色环保材料。竹结构设计人性化,居住舒适方便,建造方便快捷,现代轻型竹结构体系在我国的地震多发地区有较大的应用潜力,竹结构住宅凭借其独特的性能,将会有很大的发展空间和潜力,如图 2-11 所示。

4)其他大跨度结构

大跨度结构是指跨度大于 60 m 的建筑。多用于影剧院、展览馆、体育馆、飞机机库等公共建筑。其结构体系常见的有网架结构(见图 2-12)、网壳结构(见图 2-13)、悬索结构

图 2-8　砖混结构房屋

图 2-9　砖木结构民居

图 2-10　福建土楼

（见图 2-14）、悬吊结构、索膜结构（见图 2-15）、拱结构、折板结构、膜结构、薄壳结构、应力蒙皮结构等。

图 2-11　竹结构房屋

图 2-12　哈尔滨会展中心体育场(网架结构)

图 2-13　河南省南阳鸭河口电厂干煤棚(网壳结构)

图2-14　浙江黄龙体育中心主体育场(悬索结构)

图2-15　索膜结构

2. 单层工业厂房

单层工业厂房一般采用钢筋混凝土或钢结构,屋盖采用钢屋架结构。

其按结构材料可分为砌体混合结构、钢结构和钢筋混凝土结构等类型;按施工方法可分为现浇式和装配式两种;按结构形式可分为排架结构和刚架结构两大类,其中排架结构(如图2-16)是目前单层工业厂房的基本结构形式。

单层工业厂房具有以下结构特点:

(1)跨度大、高度大、承受的荷载大,故构件的内力和截面尺寸大,用料多。

(2)荷载形式多样,常承受如吊车荷载、机械设备动力等荷载,故设计时应考虑其动力荷载影响。

(3)结构空旷,几乎无隔墙。

(4)基础受力大,故对地质要求高。

2.1.2.2　多层建筑

多层建筑最常用的结构形式有砌体结构和框架结构。

1. 砌体结构

砌体结构又称为砖石结构,是由砌体作为竖向承重结构、由其他材料构成楼盖所组成的房屋结构。砌体结构具有取材方便,耐火性、耐久性、保温隔热性能好,施工简单、造价

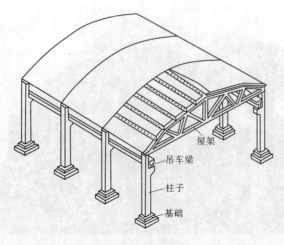

图 2-16　排架结构

低廉等优点。但是与钢筋混凝土相比,砌体结构自重大、强度低、抗震以及抗裂性能较差,常用在层数不高,使用功能要求较简单的民用建筑,如宿舍、住宅中(见图 2-17)。

图 2-17　砌体结构房屋

　　2. 框架结构

　　框架结构是多层建筑的主要结构形式,也是高层建筑的基本结构单元,如图 2-18 所示,其优点是平面布置灵活,结构自重轻,在一定高度范围内造价较低,结构设计和施工简单,结构整体性、抗震性能较好。其缺点是结构抗侧移刚度小,在水平荷载作用下水平侧移大,故不适于高层建筑。框架结构常用在要求使用空间较大的建筑,比如大型商场、办公楼、超市、多层工业厂房等。

2.1.3　高层建筑与超高层建筑

　　随着城市建设、商业活动和建筑表现艺术的需要,伴随着材料、机电设备、结构体系的协调发展,高层、超高层建筑应运而生。1931 年 102 层的帝国大厦(见图 2-19)于纽约落

图 2-18　施工中的框架结构房屋

成,此后长达 40 年的时间帝国大厦雄踞世界第一高楼的地位。

图 2-19　帝国大厦

与多层建筑相比,高层建筑设计具有以下特点:

(1)水平荷载为设计的决定性因素。

(2)动力反应不可低估。

(3)结构轴向变形、剪切变形及温度、沉降的影响加剧。

(4)材料用量、工程造价呈抛物线增长。

高层建筑最突出的外部作用是水平荷载,故其结构体系常称为抗侧力体系。其常见的结构体系有框架结构、剪力墙结构、框架剪力墙结构、框支剪力墙结构和筒体结构等。

2.1.3.1　剪力墙结构

随着房屋层数和高度的增加,水平荷载对房屋的影响更加明显,因此与框架结构比较,可利用钢筋混凝土墙体承受竖向荷载和抵抗水平荷载,即剪力墙结构体系(见图2-20)。

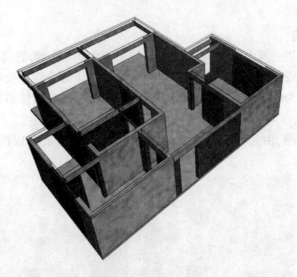

图 2-20　剪力墙结构

现浇钢筋混凝土剪力墙结构的整体性好、刚度大,在水平荷载作用下侧向变形小,承载力容易满足,因此这种结构形式适合于建造较高的高层建筑。

2.1.3.2　框架—剪力墙结构

当建筑物需要较大空间且高度超过了框架结构的合理高度时,可采用在框架体系中设置一部分剪力墙来代替部分框架,形成框架—剪力墙结构,如图2-21所示。

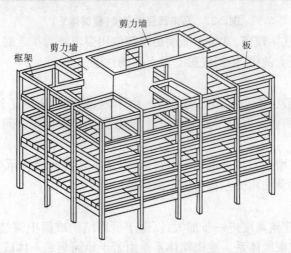

图 2-21　框架—剪力墙结构

框架—剪力墙结构既可使建筑平面灵活布置,得到自由的使用空间,又可使整个结构抗侧移刚度适当,具有良好的抗震性能。

2.1.3.3　框支剪力墙结构

为了缓和城市用地紧张,当建筑物上部的办公楼或者住宅需要小开间,适合剪力墙结构,而下部的商店则需要大空间,适合采用框架结构时,将这两种结构组合在一起而成为框支剪力墙体系。上部剪力墙刚度较大而下部框架柱刚度较小,故二者之间需要设置转换构件用于衔接。

2.1.3.4　筒体结构

筒体结构是框架—剪力墙结构和剪力墙结构的演变与发展,它将抗侧力构件集中设置于建筑物的内部或外部而形成空间封闭的筒体,多用于综合性办公楼等超高层建筑。

筒体结构可分为框筒体系、筒中筒体系、桁架筒体系、成束筒体系等。

1. 框筒体系

布置在房屋周围、由密排柱和深梁形成的密柱深梁框架围成的筒体称为框筒,如图2-22所示。

图2-22　马来西亚双塔楼(框筒体系)

框筒体系外筒柱距较密,常常不能满足建筑使用要求。为扩大底层柱距,减少底层柱子数量,可以采用巨大的拱、桁架或梁支承上部的柱子。

2. 筒中筒体系

筒中筒结构一般由核心筒和框筒组成。由于内、外筒的协同工作,结构侧向刚度增大,侧移减小,因此筒中筒多用于商务办公楼,有较大的环形使用空间。

3. 桁架筒体系

在筒体结构中,增加斜撑来抵抗水平荷载,以进一步提高结构承受水平荷载的能力,增加体系的刚度,这种结构体系称为桁架筒体系(见图2-23)。

4. 成束筒体系

当平面尺寸或建筑高度进一步加大,以至于框筒结构或筒中筒结构无法满足抗侧刚度要求时,可采用成束筒体系。成束筒体系是由若干单筒集成一体成束状,形成空间刚度极大的抗侧力结构。最典型的成束筒体系的建筑应是1974年建成的美国芝加哥西尔斯大厦(如图2-24所示)。

2.1.4　智能建筑与绿色建筑

2.1.4.1　智能建筑

智能建筑是以建筑为平台,以最优化的结构、系统、服务和管理设计,采用最先进的技

图 2-23 香港中银大厦(桁架筒体系)

术,提供一个投资合理,又拥有高效、优雅、舒适、便利、快捷、高度安全、节能的环境空间。同时,智能建筑能帮助业主和物业管理者在费用开支、生活舒适、商务活动和人身安全等方面的利益有最大的回报。智能建筑是人、信息和工作环境的智慧结合,是时代的必然产物,建筑智能化程度随科技的发展而逐步提高。

智能建筑在 20 世纪末诞生于美国,之后以一种崭新的面貌和技术迅速在世界各地展开,尤其是亚洲的日本、新加坡等国家,进行了大量的研究和实践,相继建成了一批具有智能化技术的建筑。

国内的智能建筑虽始于 20 世纪 90 年代,但其发展迅速,我国现已在智能建筑方面取得了一定的成果。2008 年北京奥运会主体育馆之一——水立方(见图 2-25),是我国智能建筑的代表作之一,水立方的设计体现着智能与节能的完美结合。

图 2-24 西尔斯大厦(成束筒体系)

2.1.4.2 绿色建筑

绿色建筑是指在建筑的全寿命周期内,最大限度地节约资源(节能、节地、节水、节材),保护环境和减少污染,为人们提供健康、适用和高效的使用空间,与自然和谐共生的建筑。

绿色建筑有以下三大特征:

(1)尽可能节约对自然环境的占用,如对木材资源、水资源、土资源的节约。

(2)尽可能充分利用各种自然资源,如风能、太阳能灯。

(3)尽可能减少对自然生态平衡的影响,实现人、建筑与环境的和谐共生。

图 2-26 为绿色建筑杭州科技馆,该馆集成十大先进节能系统,节能效率达 76.4%,科

图 2-25　水立方

技馆东西面采用的陶土板,均属于可回收利用和具有自洁功能的绿色环保材料。

图 2-26　杭州科技馆

2.1.5　特种结构

　　特种结构指具有特种用途的工程结构,包括高耸结构、海洋工程结构、管道结构和容器结构等。在特种结构中常见的事故有开裂、错位、变形、倒塌等。

2.1.5.1　电视塔

　　电视塔是指用于广播电视信号发射传播的建筑。为了使信号传送的范围更大,发射天线就要更高,因此电视塔往往高度较高。

　　混凝土电视塔的特点是高度较高、横截面较小、风荷载起主要作用、结构自重不可忽视。

　　我国最高的电视塔为广州电视塔(见图 2-27),总高 600 m,由 454 m 高的主塔和 146 m 的天线桅杆组成,为世界第三高电视塔。广州电视塔最细处在 66 层。

2.1.5.2　水塔

　　水塔是用于储水和配水的高耸结构(见图 2-28),用来保持和调节给水管网中的水量和水压。水塔主要由水箱、塔身和基础三部分组成。

图 2-27　广州电视塔

　　水塔按建筑材料可分为钢筋混凝土水塔、钢水塔、砖石支筒与钢筋混凝土水柜组合的水塔三类。

2.1.5.3　烟囱

　　烟囱是工业中常用的构筑物,是将烟气排入高空的高耸结构,能改善燃烧条件,减轻烟气对环境的污染,如图 2-29 所示。烟囱按建筑材料可分为砖烟囱、钢筋混凝土烟囱和钢烟囱三类。

图 2-28　水塔

图 2-29　烟囱

2.1.5.4　油库

油库(见图2-30)是协调原油生产、原油加工、成品油供应及运输的纽带,是国家石油储备和供应的基地,它对于保障国防和促进国民经济高速发展具有相当重要的意义。

图2-30　油库

石油及其产品的易燃、易暴等危险特性,使油库潜存着巨大的危险性,如果受到各种不安全因素的激发,就会引起燃烧、爆炸、混油、漏油、中毒及设备破坏等多种形式的事故,因此油库的防火、防爆以及油库消防是油库建设的重点。

2.1.5.5　筒仓

筒仓或仓筒是储存粒状或粉状松散物体(如谷物、面粉、水泥、焦炭等)的立式容器,可作为生产企业调节和短期储存生产用品的附属设施,也可作为长期储存粮食的仓库。

根据所用的材料不同,筒仓一般可做成钢筋混凝土筒仓(见图2-31)、钢板筒仓、砖砌筒仓。

图2-31　筒仓

圆筒群仓的总长度一般不超过60 m,方形群仓的总长度一般不超过40 m。群仓长度过大或受力和地基情况较复杂时应采取适当措施。

2.2　交通土建工程

交通运输是国民经济的动脉,而道路是国家经济和国防建设的基础设施。一个完整的交通运输体系是由轨道运输、道路运输、水路运输、航空运输和管道运输五种运输方式构成的,它们共同承担着客、货的集散与交流。

2.2.1　道路工程

2.2.1.1　道路的类型

道路是指供车辆和行人等通行的工程设施的总称,按其使用范围可分为公路和城市道路等。

1. 公路

根据使用任务、功能和适应的交通量,公路可分为高速公路(见图 2-32)、一级公路(见图 2-33)、二级公路、三级公路、四级公路五个等级。

图 2-32　高速公路

图 2-33　一级公路

2. 城市道路

城市道路是城市总体规划的主要组成部分。城市道路按交通功能可分为快速道、主干道、次干道和支道;按照服务功能可分为居民区道路、风景区道路和自行车道路,如图 2-34 所示。

图 2-34　城市道路

2.2.1.2　道路的组成

道路是一种带状的三维空间构造物。道路由路线、路基、路面及其附属设施组成。路线包括平面和纵横断面及交叉口等线形要素;路基是道路行车路面下的基础;路面是位于路基上部用各种材料分层铺筑的构筑物;道路的附属设施包括边沟、截水沟、挡土墙、护坡、护栏、信号、绿化、管理和服务等设施。

2.2.1.3　道路的结构

1. 路基

路基是道路行车部分的基础,承担着路面及路面汽车传来的荷载。路基必须具有一定的力学强度和稳定性,同时又要经济合理。路基的横断面按填挖条件的不同一般可分为路堤、路堑和半路堤三种类型。

路基顶面高于原地面的填方路基称为路堤,如图 2-35 所示。这种断面常用于平原地区路基。

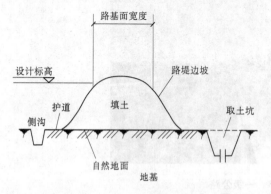

图 2-35　路堤

路基顶面低于原地面,由地面开挖出的路基称为路堑,如图 2-36 所示。路堑有全路堑、半路堑(又称台口式)和半山洞三种形式。这种断面常用于山岭地区挖方路段。

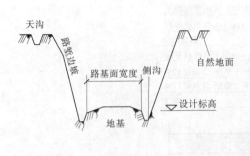

图 2-36 路堑

半路堤即半填半挖路基,横断面上半部分为挖方部分,下半部分为填方部分,如图 2-37 所示。这种断面常用于丘陵区路段。

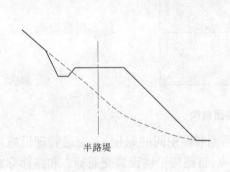

图 2-37 半路堤

2. 路面

路面是指按行车道宽度及其他行车指标在路基上面用各种不同坚硬材料(如土、砂、石、沥青、石灰、水泥等)分层铺筑形成的具有一定厚度的结构物,如图 2-38 所示。

路面的工作环境恶劣,既要承受荷载的反复长期作用,又要保证路面能够正常承担工作任务。因此,路面必须具有足够的力学强度和良好的稳定性,以及路面平整和良好的抗滑性能。

3. 排水结构物

为保证路基、路面稳定,免受地面水和地下水的侵害,道路还应修建专门的排水设施。按其排水方向不同,道路的排水分为横向排水和纵向排水两种。横向排水有桥梁、涵洞、路拱、过水路面、透水堤和渡水槽等;纵向排水有边沟、截水沟和排水沟等。

4. 特殊结构物

特殊结构物有隧道、悬出路台、防石廊、挡土墙和防护工程等。

5. 沿线附属结构物

沿线附属结构物有交通管理设施、交通安全设施(如护栏、护柱等)、服务设施(如汽

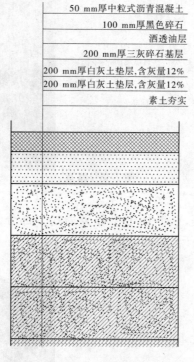

　　50 mm厚中粒式沥青混凝土
　　100 mm厚黑色碎石
　　洒透油层
　　200 mm厚三灰碎石基层
　　200 mm厚白灰土垫层,含灰量12%
　　200 mm厚白灰土垫层,含灰量12%
　　素土夯实

图 2-38　路面结构

车站、停车场、加油站等)和环境美化设施(如路侧和路中间的绿化)。交通管理设施是为了保证行车安全,为司机指导前面的路况和特点,道路应沿线设置交通标志和路面标志。

2.2.1.4　高速公路

　　高速公路(见图2-39)是一种具有四条以上车道,路中央设有中央隔离带,分隔双向车辆行驶,互不干扰,全封闭、全立交,控制出入口,严禁产生横向干扰,设有自动化监控系统,沿线设有必要服务设施,为汽车专用的道路。四车道高速公路应能适应将各种汽车折合成小客车的年平均日交通量25 000～55 000辆。六车道高速公路应能适应将各种汽车折合成小客车的年平均日交通量45 000～80 000辆。八车道高速公路应能适应将各种汽车折合成小客车的年平均日交通量60 000～100 000辆。

　　1. 高速公路的特征

　　1)限制交通,汽车专用

　　交通限制主要针对车辆和车速加以限制。凡非机动车和由于车速低可能形成危险及妨碍交通的车辆都不能使用高速公路。为避免车速相差过大,减少超车次数,在高速公路上还对最高车速和最低车速做出限制。车速一般限制在50～120 km/h。

　　2)分隔行驶,安全高速

　　分隔行驶有两层含义:一是在对向车道间设有中央隔离带,实行往返车道分离,避免对向撞车;二是对同一方向的车辆,至少设置两个车行道并划线分开。

　　3)信息化、电子化和自动化的管理

　　高速公路具有完整的道路交通安全设施、交通监控和组织管理设施及收费系统,对高

图 2-39　高速公路

速公路全线的运营交通实施信息化、电子化和自动化的管理。

2. 高速公路的线形设计

1) 最小平曲线半径及超高横坡限值

对于设计车速为 120 km/h 的高速公路,平曲线的一般最小半径为 1 000 m,极限最小半径为 650 m,超高横坡限值为 10%。

2) 最大纵坡和竖曲线

高速公路的最大纵坡为 3%(平原微丘区)~5%(山岭区),竖曲线极限最小半径凹形为 4 000 m,凸形为 11 000 m。

3) 线形要求

高速公路应保证司机有良好的视线诱导,因此不应出现急剧的起伏和扭曲的线性,并使线性保持连续、顺畅与调和,即在视线所及的一定范围内不能出现弯折、错位、突变、虚空或遮断,线性彼此有良好的配合,圆滑顺畅,没有过大差比。

4) 横断面

行车带中每一个方向至少有两个车道,便于超车。车道宽 3.75 m。一般在平原微丘区设中央分隔带宽 3.00 m,左侧路缘带宽 0.75 m,中间带全宽 4.50 m。地形受限制时分别为 2.00 m、2.50 m、3.00 m。在平原微丘区,硬路肩宽不应小于 2.50 m,土路肩宽不应小于 0.75 m。

3. 高速公路的沿线设施

高速公路沿线有安全设施、交通管理设施、服务性设施、环境美化设施等。

安全设施一般包括标志(如警告、限制、指示标志等)、标线(用文字或图形来指示行车的安全设施)、护栏、隔离设施(如金属网、常青绿篱等)、照明及防眩设施(为保证夜间行车的安全所设置的照明灯、车灯灯光防眩板等)、视线诱导设施(为保证司机视觉及心理上的安全感,所设置的安全设置轮廓标)等。交通管理设施一般指高速公路入口控制、交通监控设施(如检测器监控、工业电视监控、巡逻监视等)。服务性设施一般有综合性服务站(包括停车场、加油站、修理站、公共卫生间、休息室、小卖部等)、小型休息点(以加油为主,附设公共卫生间、小型停车场等)、停车场等。环境美化设施是保证司机高速行驶时心理、视觉调节的重要环节。因此,高速公路在设计、施工、养护、管理的全过程中,除满足工程和交通的技术要求外,还要以美学观点加以考量,经过反复调整、修改,使高速公路与当地自然风景协调而成为优美的彩带。

4. 高速公路的建设问题

(1)投资大、造价高。我国四车道高速公路平均造价超过 1 200 万元/km,是普通公路的数十倍,虽然这些投资可在道路运营后逐年收回,但结合我国国情,应统筹规划,分步实施。

(2)占地多,对环境影响大。路基宽按照 26 m 计算,每千米占地面积 0.03 km² 以上。我国人口众多,人均耕地面积少,因此农业用地与高速公路建设必然存在一定的矛盾。在高速公路上高速行驶的车流所发生的噪声,排放的废气、废液等,将会对环境造成一定的污染。

5. 高速公路生态护坡

随着经济实力的提高和基础设施建设的需要,我国高速公路迅速发展,出现了大量的边坡工程(见图 2-40、图 2-41)。生态植被护坡是一种新型边坡防护方法,采用生态植被护坡,可以有效提高边坡稳定性且取得良好的生态效果和景观效果。

图 2-40　高速公路生态护坡

图 2-41　高速公路边坡生态防护

高速公路生态护坡着眼于边坡生态系统功能的修复技术,该技术是从系统功能的角度入手,通过生态功能的回归,来实现生态环境的恢复与重构及优化。

在边坡植被组建生态群落理念上,从以往的"单一草本建群",到目前的"灌木为主、草本为辅"的建群;在边坡植被恢复上,从"人工建造植被"演变到实现"尊重自然,恢复自然"为目标。这些都说明生态护坡理念正在取代绿化护坡理念并成为主流,也是边坡防护理念上的又一次进步。

2.2.2　铁路工程

铁路运输是交通运输系统中的主干,对国民经济发展和现代化建设具有重要意义。铁路工程建筑物是铁路运输最主要的基本技术设施,为列车的安全运行提供基本条件。因此,铁路工程建筑物除了具有足够的强度,还必须保持稳定、坚固、耐久、适用。

在新中国成立之前,我国铁路工程发展是缓慢的。到 1949 年为止,全国总共修建铁路只有 21 000 km。新中国成立后,特别是在改革开放以后,我国铁路发展取得了巨大的进步。截止到 2011 年,我国已运营的高速铁路总里程已超过 8 000 km;据中国铁路总公司介绍,2015 年底,我国高速铁路运营里程达到 1.9 万 km,居世界第一位,占世界高速铁路总里程的 60% 以上,与其他铁路共同构成的快速客运网可基本覆盖 50 万以上人口城市。尤其京沪高铁、京广高铁、哈大高铁、兰新高铁等一批重大项目建成通车,基本形成了以"四纵四横"为主骨架的高速铁路网;截至 2020 年,预计我国铁路营运里程将达到 12 万 km 以上,其中新建高速铁路将达到 1.6 万 km 以上。

2.2.2.1　铁道工程的基本组成

铁路线路是铁路工程结构体的空间中心定位线,通常用线路平面和纵断面表示。路基和桥隧建筑物建成后,就可以在上面铺设轨道。

1. 铁路线路设计

铁路线路设计包括选线、定线和全线线路的平面和纵剖面的设计。其中,铁路选线设计作为铁路建设的先行和基础,牵涉面广、综合性强,具有较高的科学性和艺术性,是铁路工程设计中关系全局的总体性工作。其主要任务是根据自然条件和运输任务,结合铁路动力设备,按照列车运动的规律和经济原理,设计新铁路线与改进既有铁路线路的工作。铁路定线就是在地形图上或地面上选定线路的走向,并确定线路的空间位置。

2. 铁路路基设计

铁路路基是承受并传递轨道重力及列车动态作用的结构,是轨道的基础,如图 2-42 所示。路基是一种土石结构,处于各种地形地貌、地质、水文和气候环境中,有时候还遭受洪水、泥石流、地震等自然灾害。铁路路基设计需要考虑以下问题:

1) 横断面

铁路路基的横断面与公路路基横断面类似,其形式有路堤、路堑、半路堤、半路堑、不挖不填等。

2) 路基稳定性

铁路路基必须从以下方面考虑验算其稳定性:路基体所在的工程地质条件,路基的平面位置和形状,轨道类型及其上的动态作用,各种自然营力的作用等。

图 2-42　铁路路基

3. 轨道的构成

轨道铺设在路基上,是直接承受机车车辆巨大压力的部分,它包括钢轨、轨枕、道床、防爬器、道岔和联结零件等主要部件。

2.2.2.2　铁路的分类

1. 地铁与城市轻轨

地铁(见图 2-43)在城市交通中发挥着巨大的作用,给城市居民出行提供了便捷的交通。地铁输运量大、速度快、安全、准时、节约能源、不污染环境,加大了城市的空间利用率,减少城市拥堵。但施工复杂、资金投入大、建设周期较长、见效慢。

图 2-43　合肥地铁

城市轻轨(见图 2-44)是指运输量或车辆轴重稍小于地铁的快速轨道交通,每小时单项客流量为 0.6 万 ~ 3 万人次,最高时速可达 60 km/h。城市轻轨是城市客运有轨交通系统的又一种重要形式。随着城市化步伐的加快,我国的城市轻轨建设也进入了一个高速发展期,武汉、重庆、上海、北京等城市纷纷建设城市轻轨。

轻轨比公共汽车速度快、效率高、省能源、无空气污染等。与地铁相比,造价低、见效快,但其运输量及效率都不及地铁。

2. 高速铁路

世界上第一条高速铁路是日本的东海道新干线(见图 2-45),最高速度为 210 km/h。日本、法国、德国等是当今世界高速铁路技术发展水平最高的几个国家。

图 2-44　武汉轻轨

图 2-45　东海道新干线

2008 年 8 月 1 日,投入运行的京津城市铁路是我国首条高速铁路客运专线,全长 120 km,试运行的最高速度为 398.4 km/h,正常运行速度为 350 km/h,是我国进入高铁时代的标志。我国已成为世界上高速铁路发展最快、系统技术最全、集成能力最强、运营里程最长、运营速度最快的国家。

3. 磁悬浮铁路

磁悬浮铁路上运行的列车,是利用电磁系统产生的吸引力和排斥力将车辆托起,使整个列车悬浮在线路上,利用电磁力导向和直流电牵引推动列车前进。

1) 磁悬浮列车组成

磁悬浮列车主要由悬浮系统、推进系统和导向系统组成。

悬浮系统的设计分两个方向,分别是德国采用的常导型和日本采用的超导型,如图 2-46 所示。

推进系统:位于轨道两侧的线圈通过的是交流电,能将线圈变为电磁体。由它与列车的电磁体的相互作用而使列车开动。列车的前进是因为车头的电磁体 N 极被安装在靠前一点的轨道电磁体 S 极所吸引,同时又被安装在轨道上靠后一点的电磁体 N 极所排斥。当列车前进时,线圈电流反向。这样由于电磁力的转换使列车持续奔跑,如图 2-47

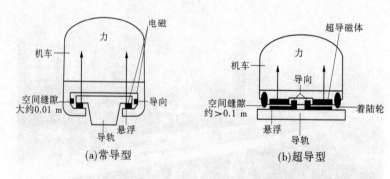

图 2-46　磁悬浮列车悬浮系统的组成

所示。

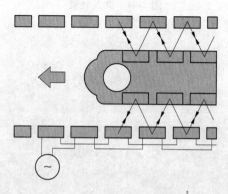

图 2-47　磁悬浮列车推进系统组成

2）磁悬浮列车在各国的发展

日本于 1962 年开始研究磁悬浮铁路,1982 年载人试验成功,1995 年载人试验时速达 411 km,2003 年试验时速为 500 km。

德国于 1968 年开始研究磁悬浮铁路,1983 年完成载人试验。我国对磁悬浮铁路研究起步较晚,1989 年我国第一台磁悬浮铁路与列车建成并开始试验。

我国目前运行的磁悬浮列车有三条。我国第一辆磁悬浮列车(买自德国)于 2003 年 1 月开始在上海磁浮线运行,设计最大时速 430 km,如图 2-48 所示。2015 年 10 月我国首条国产磁悬浮线路长沙磁浮线成功试跑。第三条为北京磁悬浮示范线,又称为北京地铁 S1 线。北京地铁 S1 线,规划阶段曾称门头沟线、大台线,是北京市建设中的一条中低速磁悬浮轨道线,2017 年底开通。

2.2.3　机场工程

机场工程是规划、设计和建造飞机场等各项设施的统称,在国际上称航空港。机场是航空运输的基础设施,通常是供飞机起飞、着陆、停驻、维护、补充给养及组织飞行保障活动所用的场所,是民航运输网络中的节点,是航空运输的起点、终点和经停点。

2.2.3.1　机场的分类与组成

机场按服务对象分为军用机场、民用机场、军民两用机场,按航线性质分为国际航线

图 2-48 上海磁悬浮列车

机场、国内航线机场,按作用大小分为国际机场、干线机场、支线机场。

一个大型完整的机场由空侧和路侧两个区域组成,航站楼是这两个区域的分界线。民航机场的空侧主要有飞行区(含机场跑道、滑行道、机坪、机场净空区)、旅客航站区、货运区、机务维修设施、供油设施、空中交通管制设施、安全保卫设施、救援与消防设施等以保证飞机持续与安全可靠飞行。路侧有行政办公区、生活区、后勤保障设施、地面交通设施以及机场空域等。

2.2.3.2 机场场道布局

1. 跑道

跑道是机场飞行区的主体,直接供飞机起飞滑跑和着陆滑跑之用。跑道必须有足够的长度、宽度、强度、粗糙度、平整度及规定的坡度,来满足飞机的正常起降。跑道系统由跑道的结构道面、道肩、防吹坪、升降带、跑道端安全区、停止道和净空道组成,如图 2-49、图 2-50 所示。

2. 机坪与机场净空区

飞机场的机坪主要有等待坪和掉头坪。等待坪供飞机等待起飞或让路而临时停放使用,通常设在跑道端附近的平行滑行道旁边。掉头坪供飞机掉头用,当飞行区不设平行滑行道时,应在跑道端部设掉头坪。

机场净空区指飞机起飞、着陆涉及的范围,沿着机场周围要有一个没有影响飞行安全的障碍物的区域。为了确保飞机安全,对这个范围内地形地物的高度必须严格控制,不允许有危及飞行安全的障碍物。对机场净空区的规定,受到飞机起落性能、气象条件、导航设备、飞行程序等因素的控制。

2.2.3.3 航站区布局

航站区主要由航站楼、站坪及停车场组成。

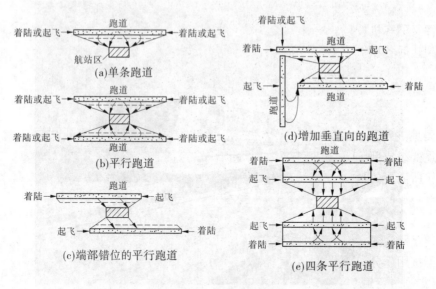

图 2-49　机场跑道方案

图 2-50　机场跑道

1. 航站楼

　　航站楼(主要指旅客航站楼,即候机楼)是航站区的主要建筑物。航站楼的设计不仅要考虑其功能,还要考虑其环境、艺术氛围及民族(或地方)风格等。航站楼一侧连着机坪,另一侧与地面交通系统相联系。旅客、行李及货邮在航站楼内办理各种手续,并进行必要的检查以实现运输方式的转换。旅客航站楼的基本功能是安排好旅客、行李的流程,为其改变运输方式提供各种设施和服务,使航空运输安全有序。

　　航站楼一般为一层、一层半和两层或多层形式。建筑面积:国内航班 $14 \sim 26 \ m^2/$ 人,国际航班 $28 \sim 40 \ m^2/$ 人。

2. 站坪、机场停车场与货运区

站坪又称客机坪,是设在机场航站楼前的机坪,供客机停放、上下旅客、完成起飞前的准备和到达后各项作业使用。

2.3 桥梁工程

桥梁是供人、车通行的跨越障碍(江河、山谷或其他线路等)的人工构筑物,是交通运输中的重要组成部分。"桥梁工程"一词包含两层含义:一是指桥梁建筑的实体;二是指建设桥梁所需要的科学知识和技术,包括桥梁的基础理论和研究,桥梁的规划、勘察设计、建造和养护等。

纵观世界各大城市,常以工程雄伟且美观的大桥作为城市的"名片"。因此,桥梁建筑已不仅仅是交通运输中的工程实体,更是作为建筑艺术品而存在。

桥梁按用途分,有铁路桥、公路桥、公路铁路两用桥、人行桥、运水桥(渡槽)及其他专用桥梁(如通过管道、电缆等);按跨越障碍分,有跨河桥、跨谷桥、跨线桥(又称立交桥)、高架桥、栈桥等;按采用材料分,有木桥、钢桥、钢筋混凝土桥、预应力混凝土桥、圬工桥(包括砖桥、石桥、混凝土桥)等;按桥面在桥跨结构的不同位置分,有上承式桥、下承式桥和中承式桥。其中,上承式桥的桥面布置在桥跨结构的顶面,其桥垮结构的宽度较小,构造简单,桥上视线不受阻挡;下承式桥的桥面布置在桥跨结构的下部,其建筑高度(自轨底至梁底的尺寸)较小,增加了桥下净空,但桥跨结构较宽,构造比较复杂;中承式桥的桥面置于桥跨结构的中部,主要用于拱式桥跨结构。桥按桥梁跨径大小可分为特大桥、大桥、中桥、小桥,桥梁的跨径反映了桥梁的建设规模。桥按受力特点分,有梁式桥、拱式桥、悬索桥、斜拉桥、刚构桥和组合体系桥。

2.3.1 桥梁工程总体规划和设计要点

2.3.1.1 桥梁工程总体规划

桥梁总体规划的原则是:根据其使用任务、性质和未来发展的需要,全面贯彻安全、经济、适用和美观的原则。一般需要考虑以下要求:

(1)使用上的要求。桥梁必须适用。桥梁行车道和人行道应保证车辆和行人安全通畅,满足将来交通发展需要。桥型、跨度大小和桥下净空应满足泄洪、安全通航和通车的要求,并便于检查和维修。

(2)经济上的要求。桥梁的建造应体现经济合理。桥梁方案选择时要充分考虑因地制宜和就地取材及施工水平等物质条件,力求在满足功能要求的基础上,使总造价和材料消耗最少,工期最短。

(3)结构上的要求。整个桥梁结构及其部件在制造、运输、安装、使用和维护过程中,应具有足够的强度、刚度、稳定性和耐久性,并且要设计思想创新、设计合理。

(4)美观上的要求。桥梁应具有优美的外形,应与周围环境和景色协调。

2.3.1.2 桥梁工程设计要点

(1)桥位选址。桥位在服从路线总方向的前提下,宜选河道顺直、河床稳定、水面较窄、水流平稳的河段,尽可能与河流垂直。中小桥梁服从路线要求,而路线选择服从大桥的桥位要求。

(2)确定桥梁总跨径和分孔数。综合过水断面、河床地质条件、通航要求、施工技术水平和总造价考虑。分孔数目和跨径大小要考虑桥的通航需要、工程地质条件的优劣、工程造价的高低等因素,一般是跨径越大,总造价越高,施工越困难。

(3)桥梁纵横断面布置。根据桥梁连接的道路等级,按照有关规范确定。

(4)桥梁选型。从安全实用、经济合理和美观等方面综合考虑。桥梁的长度、宽度和通航孔大小都是桥型选择的独立因素。

2.3.2　桥梁的主要结构形式

按照桥梁体系受力特点分类,可分为梁式桥、拱式桥和悬索桥(或称为吊桥),简称"梁、拱、吊"三大基本体系。另外,由上述三大基本体系相互结合,在受力上形成具有组合特征的桥梁,如刚架桥、斜拉桥等。

2.3.2.1　梁式桥

梁式桥是一种在竖向荷载作用下无水平反力的结构体系。

独立架设在两简支桥墩之间的梁式桥称为简支梁;对于多跨梁式桥,在桥墩处连续而不中断的称为连续梁;在桥墩处连续而在桥孔内中断、线路在桥孔内过渡到另一根梁上的称为续悬臂梁。目前,应用最广的简支梁结构形式的梁式桥如图 2-51 所示。

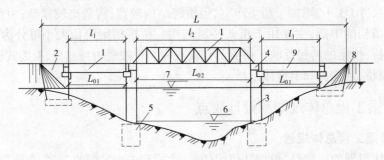

1—上部结构;2—桥台;3—桥墩;4—支座;5—基础;
6—低水位;7—设计水位;8—锥形填方;9—桥面

图 2-51　简支梁式桥组成

我国目前最大跨度的预应力混凝土连续梁桥为六库怒江桥,见图 2-52,位于云南省傈僳族自治州府六库,跨越怒江。该桥采用 3 跨变截面箱形梁(跨度为 85 m + 154 m + 85 m),其中箱形梁为单箱单室截面,箱宽 5.0 m,两侧各悬出伸臂 2.5 m,支点处梁高 8.5 m,为跨度的 1/18,跨中梁高 2.8 m,为跨度的 1/55。这种跨度与梁高的比例,使桥梁的造型既具有强劲的力度感,又有纤细的美学感。

从结构合理和造型考虑,可设计成 V 形墩连续梁桥,这样可缩短跨径,降低梁高,减小支点负弯矩。

南京长江大桥主桥为公路铁路双层连续桁梁桥,其桥墩就是采用 V 形墩。主桥长度为 1 576 m,加上两端的引桥,铁路桥长度为 6 772 m,公路桥长度为 4 588 m,见图 2-53。

图 2-52　六库怒江桥

该桥是我国自行设计、施工,并使用国产高强度钢材的现代化桥梁。

图 2-53　南京长江大桥

　　如图 2-54 所示,九江长江大桥的桥墩也是采用 V 形墩,主孔采用刚性梁柔性拱组合体系,分跨为 180 m + 216 m + 180 m,是目前国内该桥型的最大跨径。其北侧边孔为两联 3 m × 162 m 连续钢桁梁,也是国内最大跨径。

2.3.2.2　拱式桥

　　拱式桥是世界桥梁史上应用最早、最广泛的一种桥梁体系。拱桥将拱圈或拱肋作为主要承载结构,在竖向荷载作用下,桥墩或桥台承受水平推力,由于水平反力的作用,大大抵消了拱圈(或拱肋)内荷载产生的弯矩。因此,与同跨径的梁相比,拱的弯矩、剪力、变形都要小得多,鉴于拱桥的承重结构以受压为主,通常可用抗压能力强的圬工材料(如砖、石、混凝土)和钢筋混凝土来建造。图 2-55 为拱桥的受力示意图。

　　拱桥根据桥面在拱肋的不同位置分为上承式拱桥、中承式拱桥和下承式拱桥,如图 2-56 所示。

图 2-54 九江长江大桥

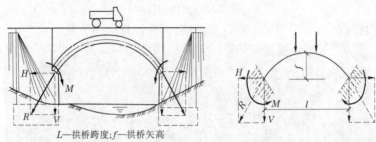

L—拱桥跨度;f—拱桥矢高

(a)桥跨给两侧桥台的反力(竖向力和水平推力) (b)移动荷载作用下的计算简图

图 2-55 拱桥的受力示意图

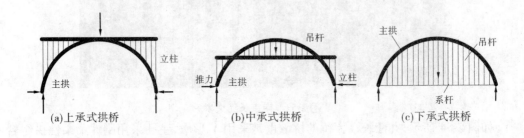

(a)上承式拱桥 (b)中承式拱桥 (c)下承式拱桥

图 2-56 拱桥分类和组成

2.3.2.3 刚架桥

刚架桥是承重结构的梁(板)与支承结构的墩柱整体结合成一体,桥柱结合处有很大刚性的桥梁结构。在竖向荷载作用下,梁部主要受弯,柱脚处有水平反力,其受力状态介于梁桥与拱桥之间。

刚架桥一般有 T 形刚架桥、连续刚架桥和斜腿刚架桥三种类型,分别如图 2-57 ~ 图 2-59 所示。

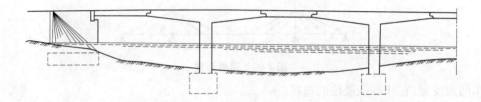

图 2-57　T 形刚架桥示意图

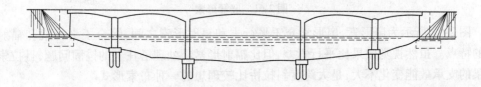

图 2-58　连续刚架桥示意图

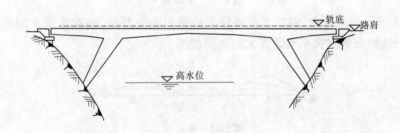

图 2-59　斜腿刚架桥示意图

2.3.2.4　斜拉桥

斜拉桥作为一种拉索体系,其跨越能力比梁式桥和拱式桥更大,是大跨度桥梁的主要桥型。斜拉桥是一种桥面体系受压、受弯、支承体系受拉的桥梁。斜拉桥由主梁、塔柱和斜拉索组成桥梁结构。用高强钢材制成的斜拉索将主梁多点吊起,将其承受的荷载传递到塔柱,再由索塔传递给基础。拉索可充分利用高强度钢材的抗拉性能,又可显著减小主梁的截面面积,使得结构自重大大减轻,故斜拉桥可建成大跨度桥梁。斜拉桥的主梁、塔柱和斜拉索在纵向面内形成了稳定的三角形,因此斜拉桥的结构刚度比悬索桥大,其抗风稳定性比悬索桥好。

拉索的纵向布置有辐射形、竖琴形、扇形和星形。

图 2-60 所示为辐射形索,所有索上端均锚固于塔柱顶,大部分索与主梁的夹角较大,对梁产生的水平分力较小,而且长索所产生的柔性对结构抗震也有利。但对于大跨度桥而言,过多的索集中锚固在塔柱顶是比较困难的,故适于中等或中等偏大的斜拉桥上采用。

图 2-61 所示为竖琴形索,其特点是给人以均匀、顺畅、清晰的视觉美感。但从经济和

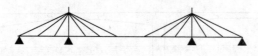

图 2-60　辐射形索

技术的角度看,它并不是最佳的选择。

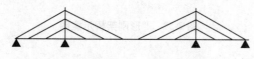

图 2-61　竖琴形索

图 2-62 所示为扇形索,扇形索介于平行索和辐射形索之间,综合了平行索和辐射形索的特点。虽然视觉效果比平行索差,但比辐射形索易处理塔柱上的锚固问题,且拉索对主梁的支承效能变化不大,是大跨度斜拉桥比较理想的一种布索形式。

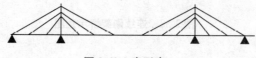

图 2-62　扇形索

图 2-63 所示为星形索,斜拉索在塔柱上的锚固是分开的,而在主梁上则集中在一个公共点上。这种布索方式不太适宜大跨度斜拉桥。

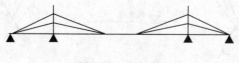

图 2-63　星形索

2.4　隧道与地下工程

全球人口增长和城市化的趋势既影响发达国家,也影响发展中国家,如何使得亿万城市人口的居住、工作、交通和休闲组织得经济、安全又无碍于环境,是全球可持续发展的巨大问题。向地下要土地、要空间,是世界城市发展的必然趋势,并成为衡量城市现代化的重要标志。

2.4.1　隧道

2.4.1.1　隧道的概念与分类

隧道是埋置于土层中的工程建筑物,是人类利用地下空间的一种形式。1970 年世界经济合作与发展组织隧道会议将隧道定义为:以某种用途在地面以下用任何方式按照规定形状和尺寸修建的内部净空断面在 2 m² 以上的条形建筑物。

隧道的种类繁多,从不同的角度出发,有不同的分类方法。按隧道所处的地质条件分为岩石隧道和土质隧道,按隧道所处位置分为山岭隧道、城市隧道和水底隧道,按隧道埋置深度分为浅埋隧道和深埋隧道,按隧道断面形式分为圆形隧道、马蹄形隧道和矩形隧道等,按隧道施工方法分为矿山法隧道、明挖法隧道、盾构法隧道、沉管法隧道、掘进机法隧道等,按隧道车道数分为单车道隧道、双车道隧道和多车道隧道,按隧道用途分为交通隧道、水工隧道、市政隧道、矿山隧道等。

2.4.1.2　隧道结构组成

隧道的结构包括主体构筑物和附属构筑物两部分。隧道的主体构筑物是为了保持隧道的稳定,保证列车安全运行而修建的,由洞身衬砌和洞门构筑物组成,在洞口有坍塌或落石危险时需要接长洞身或加筑明洞。隧道的附属构筑物是为了养护、维修工作的需要以及供电、通信方面的要求而修建的,包括防排水设施、避车洞、电缆槽、运营通风设施等。

2.4.1.3　隧道的设计及施工方法

隧道和其他建筑结构物设计一样,基本要求安全、经济和适用。由于隧道是地下结构物,设计时要考虑其特殊性,并尽可能使施工容易、可靠,另外还应考虑通风、照明,安全设施与隧道的相互关系以及整个隧道应该易于养护和管理。

隧道施工主要在开挖和支护两个关键工序上,即如何开挖才能更有利于洞室的稳定和便于支护;若需要支护,如何支护才能有效地保证洞室的稳定和便于开挖。因此,研究隧道施工方法就是研究隧道的开挖、支护的施工程序及方法。隧道施工方法一般有矿山法、掘进机法、沉管法、明挖法等。

2.4.2　地下工程

2.4.2.1　地下工程定义

地下工程是个较为广泛的范畴,泛指修建在地面以下岩层或土层中的各种工程空间与设施,是地层中所建工程的总称。它包括:交通运输方面的地下铁道、隧道、停车场、通道等;军事方面和野战军事的地下指挥所、通信枢纽、掩蔽所、军火库等;工业与民用方面的地下车间、电站、库房、商店、人防与市政地下工程;文化、体育、娱乐与生活等方面的联合建筑体。

2.4.2.2　地下工程分类

地下工程根据使用目的,分为以下七类:

(1)工业设施:包括仓库、油库、粮库、冷库、各种地下工厂、火电站、核电站等。

(2)民用设施:包括各种人防工程(遮蔽所、指挥所、救护站、地下医院等)、平战时结合的大型公共建筑(地下街、车库、影剧院、餐厅、地下住宅等)。

(3)交通运输设施:包括铁路和道路隧道、城市地下铁道、水底隧道等。

(4)水工设施:包括水电站地下厂房、附属洞室以及引水等水工隧洞。

(5)矿山设施:包括矿井、水平巷道和作业坑道等。

(6)军事设施:包括各种永久的和野战的军事、屯兵和作战坑道、指挥所、通信枢纽部、掩蔽所、军用油库、军用物资仓库、导弹发射井等。

(7)市政设施:包括埋在地下的各类管线、变电站、水厂、污水处理系统、地下垃圾处理系统、管沟等。

2.4.3　国内外地下空间发展历程

在人类社会历史的发展过程中,地下空间作为人类防御自然灾害和外敌入侵的设施而被利用,随着科技的不断发展,地下空间的利用有了更广泛的意义。从自然洞穴到人工洞室,从单纯的防御功能到成为人类生活和通行的空间,地下空间的利用愈发得到各国政府的重视。从某种意义上来讲,地下空间的利用历史是与人类文明史相呼应的,大致分为以下四个时代:

第一时代:从出现人类至公元前 3000 年的远古时期。人类原始穴居,天然洞穴成为人类防寒暑、避风雨、躲野兽的处所。如北京周口店的北京猿人洞穴是迄今所知世界上最早的与岩土工程有关的遗址。

第二时代:从公元前 3000 年至 5 世纪的古代时期。埃及金字塔、古代巴比伦引水隧道以及罗马时代的隧道工程,均为此时代的建筑典范。我国秦汉时期的陵墓和地下粮仓,已具有相当技术水准和规模。

第三时代:从 5 世纪至中世纪时代。世界范围矿石开采技术出现,推进了地下工程的发展。

第四时代:从中世纪后开始的近代与现代。欧美产业革命,诺贝尔发明黄色炸药,成为开发地下空间的有力武器。日本明治时代,隧道及铁路技术开始引进并得到发展。

我国的地下空间利用最早始于西北黄土高原,窑洞等结构简单的地下空间结构至今已有数千年历史。在陕西北部横山县发现了 5 000 年前的窑洞,其中一部分至今保存完好,如图 2-64 所示。在宁夏海原县发现了 4 000 年前的窑洞。在西藏也发现了 700 年前的古窑洞遗址。

图 2-64　地下窑洞

现代化的大规模建设发生在 20 世纪六七十年代,我国在这一时期建设了一大批的地下工程。

1965 年北京建设地下铁道,一期和二期总施工长度达 40.27 km;20 世纪 70 年代我国修建了大量地下人防工程,现在其中的相当一部分已得到开发利用;20 世纪 80 年代,上海建成延安东路水底公路隧道,如图 2-65 所示,全长 2 261 m,采用直径 11.3 m 的超大型网格水力机械盾构掘进机施工,这也是世界上第三条盾构法施工的大型隧道。

图 2-65　上海延安东路水底公路隧道

20 世纪 90 年代以来,我国城市地下的交通与市政设施加快了修建速度。我国正在北京、天津、上海、广州、深圳、南京、重庆、青岛、沈阳、合肥、苏州等城市建设地铁,以代替或缓解地面交通压力。据统计,在 21 世纪的前 20 年间,我国的地铁线路里程将超过 2 000 km。与此同时,城市高层建筑地下室随着城市中心及居住小区的开发而大量发展。此外,地下街、地下宾馆、地下会堂、地下娱乐中心、地下停车场、地下仓库、冷库等在各大中型城市纷纷涌现。许多面积超过 1 万 m² 的大型地下建筑在一些大城市相继建成。我国地下空间开发利用的网络体系已开始建设,多在地表至地下 30 m 以内的浅层区修筑地下工程。可以预见,随着经济的发展,我国地下工程将进入蓬勃发展的时期。

2.4.4　人防工程

人防工程也叫人防工事,是人民防空工程的简称,是指为保障战时人员与物质隐蔽、人民防空指挥、医疗救护而单独修建的地下防护建筑,以及结合地面建筑修建的战时可用于防空的地下室(见图 2-66)。从第二次世界大战前起,一些国家都各自陆续构筑了许多不同类别、用途和规模的民防设施,如人员隐蔽部、指挥所和通信枢纽、救护站和地下医院、各类物资仓库,以及地下疏散通道和连接通道等。有些国家的城市,还将人防工程和城市地下铁道、大楼地下室及地下停车库等市政建设工程相结合,组成一个完整的防护群体(见图 2-67)。

在中华人民共和国成立前,由于内忧外患,地下空间基本没有发展;中华人民共和国成立初期,主要是以战备为目的的"人防"工程;20 世纪 80 年代以前,人防工程的"平战结合"利用是地下空间利用的主要形式;80 年代后,地下空间开发利用形式逐步多样化、现代化。

人防工程按构筑形式可分为地道工程、坑道工程、堆积式工程和掘开式工程。地道工程是大部分主体地面低于最低出入口的暗挖工程,多建于平地。坑道工程是大部分主体地面高于最低出入口的暗挖工程,多建于山地或丘陵地带。堆积式工程是大部分结构在原地表以上且被回填物覆盖的工程。掘开式工程是采用明挖法施工且大部分结构处于原地表以下的工程,包括单建式工程和附建式工程。单建式工程上部一般没有直接相连的建筑物;附建式工程上部有坚固的楼房,亦称防空地下室。

图 2-66　地下防空洞

图 2-67　人防设施入口

2.4.5　地下商业建筑

2.4.5.1　地下商业街

最早的地下街出现在日本,是单纯的地铁车站等附属设施,以人流聚集点(交通枢纽、商业中心)为核心,通过地下步行道将人流疏散的同时在地下步行道中设置必要的商店、各种便利的事务所、防灾等设施。

经过几十年的发展,地下街已从单纯的商业性质变为融商业、交通及其他设施为一体的综合地下服务群体建筑。加拿大蒙特利尔市(见图 2-68)经过数十年的建设形成了发达的地下步行系统。这些系统以庞大的规模、方便的交通、综合的服务设施和优美的环境享有盛名,保证了城市在漫长的严冬季节里各种商业、文化及其他事务交流活动的进行。

图 2-68 蒙特利尔地下城

地下街的基本类型有广场型、街道型和复合型三种。

1. 广场型

广场型多修建在火车站的站前广场或附近广场下面,与交通枢纽连通。这种地下街的特点是规模大、客流量大、停车面积大。如东京八重洲地下街(见图 2-69),是日本最大的地下街之一。它分为两层,上层为人行通道及商业区,下层为交通通道。其长度约 6 km,面积为 6.8 万 m²,设有 141 个商店与 51 座大楼连通,每天活动人数超过 300 万人。

图 2-69 东京八重洲地下街

2. 街道型

街道型一般修建在城市中心区较宽广的主干道下,出入口多与地面街道和地面商场相连,也兼作底下人行道或过街人行道。如我国成都市顺城街地下商业街(见图 2-70),该地下街位于成都市中心繁华商业区,全长 1 300 m,分单、双两层,总建筑面积 4.1 万 m²,宽 18.4 ~ 29.0 m,中间步行街宽 7.0 m,两边为店铺。有 30 个出入口,另有设备(通风和排水)和生活设施房间、火控中心办公室等。

3. 复合型

复合型为上述两种类型的综合,具有两者的特点,一些大型的地下街多属于此类。地下街应是一个综合体,在不同的城市及不同的位置,其主要功能并不一样。因此,在规划

图 2-70　成都市顺城街地下商业街

地下街时应明确其主要功能,合理地确定各组成部分及相应的比例。比如从日本修建的地下街的组成情况来看,在地下街的总面积中,通道和停车场占总面积的 60%,机房等设施占 14.4%,商场仅占 25.6%,这也说明日本地下街的主要功能和作用在于交通。

地下街在我国的城市建设中起着多方面的积极作用,其主要体现在:提高地铁的运营效率,发挥地铁车站区位优势,疏导大量人行交通,形成地下步行网络,改善城市步行交通环境,活跃商业等。

2.4.5.2　地下商场

商业是现代城市的重要功能之一。我国地下空间的开发和利用,在经历了一段以民防地下工程建设为主体的历程后,目前正逐步走向与城市的改造、更新相结合的道路。一大批中国式的大中型地下综合体、地下商场在一些城市建成,并发挥了重要的社会作用,取得了良好的经济效益,如图 2-71 所示。

图 2-71　地下商场

作为商业建筑,地下商场与地面商场的功能没有本质的区别。但由于地下空间的特殊性,地下商场的修建比在地表修建相对要复杂,成本也高,但发展前景广阔。

2.4.5.3　地下停车场

地下停车场(见图 2-72)是指建在地下用来停放各种大小机动车辆的建筑物,也称为地下车库,国外一般称停车场。地下停车场宜布置在城市中心区或其他交通繁忙和车辆集中的广场、街道下,使其对改善城市交通起到积极作用。

图 2-72　地下停车场

停车场占地面积大,在城市用地日趋紧张的情况下,将停车场放在地面以下,是解决城市中心地区停车难的有效途径之一。日本全国约有 1/4 的停车场是地下停车场。法国巴黎就有近百个大型停车场,可供停放五六万辆轿车,例如蒙梭公园的地下车库有 5 层,每层面积 180 m×30 m,可停放 2 000 辆轿车。我国城市中的地下停车场也在逐年增加,目前上海、北京、沈阳、南京、武汉等大城市结合地下综合体的建设,正在建造和准备建造地下公共停车场,容量从几十辆到几百辆不等。

2.4.6　地下空间的开发和利用

国际上地下空间的开发和利用,已由单一解决用地紧缺发展到全面提升城市环境质量,更加强调规划的系统性和以人为本原则,将地下空间的开发利用有机地置于城市这个大系统中,最终实现人、资源、环境三者和谐协调的现代化城市发展目标。

人与自然的充分和谐是 21 世纪世界城市建设的主题,在实现这一发展目标的过程中,必须充分开发和利用城市地下空间资源。

地面是人享受阳光、绿地、自然的活动空间,而将影响城市环境的设施建设在地下。城市地下空间的利用对于城市环境的改善,首先是通过它实现了土地的多重利用,使得城市结构更紧密,从而相对降低了城区内交通的需求,也使得城市基础设施的发展对环境的影响变得最小。在功能上表现为交通系统、市政基础设施系统、办公室甚至家居设施等的地下化。在形态上地下空间的开发利用将出现综合化、网络化、深层化趋势。

在国外已有很多城市合理开发利用地下空间,且卓有成效,城市地下空间开发已是大势所趋。

2.4.6.1　英国伦敦:大力发展城市地铁

1845 年,英国伦敦建成了世界上第一条地铁。从此,大城市、特大城市围绕着解决城市交通问题而建设了大量的地铁。

2.4.6.2　法国巴黎：废弃矿穴资源的利用与立体化城市

法国巴黎最早的地下空间开发为废弃矿穴的再利用。利用几个世纪之前挖掘的废弃矿井布置城市下水道、共同沟（城市地下管道综合走廊）、防空防灾设施，在1890年成功用于巴黎世博会中国馆与印度馆的设置，取得了轰动效应。巴黎城中心地区的雷亚诺中央广场改造实行立体化再开发，把贸易中心改造成一个综合功能的公共活动广场，在强调保留传统建筑艺术特色的同时，开辟一个以绿地为主的步行广场，为城市中心区增添一处宜人的开敞空间。与此同时，将交通、商业、文化娱乐、体育等多种功能都安排在广场的地下空间中，形成一个大型的地下城市综合体。

巴黎的城市副中心——拉·德芳斯地区是世界上公认建设最成功的双层立体城市。拉·德芳斯新城的成功，离不开地下空间的综合开发利用。在新城规划建设的初期便确定了高架交通、地面交通和地下交通三位一体的设计思想，目的是实现车行与人行的完全立体分流，地面实现了步行化，将自然和阳光留给了人，充分体现了以人为本的现代城市建设理念。拉·德芳斯地区地面只见行人穿梭往来于绿地、喷泉和雕塑之间，而绝见不到车辆的踪影。

2.4.6.3　美国波士顿：道路的地下化

波士顿中央大道经历了由高架道路到地下道路的地下化过程。这个工程被称为美国有史以来工程量最大、工期最长、资金投入最多的市政工程，验证了城市道路及高架道路的地下化趋势，如图2-73所示。

图2-73　1959年波士顿中央大道建成时交通状况与现在的比较

2.4.6.4　加拿大蒙特利尔：地下城市

加拿大蒙特利尔由于寒冷的气候，居民地面出行多有不便。但依靠1972年蒙特利尔世博会的成功举行，其开发了大规模的地下综合体。如今蒙特利尔已经建成了世界上最长的地下步行系统。

2.4.6.5　中国香港：轨道交通沿线综合开发

香港地铁公司是世界上为数不多的几家不仅不靠政府财政补贴，反而赢利的公司之一。从地铁规划建设之初，香港政府就将地铁用地及其周围一定范围内的土地一并划归地铁开发公司建设。随着地铁的建成，周围地产也随之升值。用经营地产的收入来平衡地铁建设、运营的赤字，做到盈亏平衡甚至盈余。

地下公用设施包罗万象。目前,发达国家的城市公用设施已大都实现地下化,采取建大容积、贯穿全市的"共同沟"的办法,结合民防工程建设,把供、排水系统,供变电系统,通信系统,油、气储供系统,各种生产、生活资料的储运系统,商服、娱乐、医疗、体育、会议场所等全部纳入地下,如图 2-74 所示。

图 2-74　地下空间的综合利用

总之,利用城市地下空间,解决城市部分公用设施用地问题,是现代城市发展的需要,也是今后城市建设发展的方向。

2.5　水利水电工程

水是一切生命之源,是人类生活和生产劳动所必须的、能够补给的自然资源。它具有循环性和有限性、时空分布不均匀性、有利性和有害性。

全球总水量约 15 亿 km^3,可利用的淡水总量约 0.38 亿 km^3,仅占全球总量的 2.5%。其中,约有 0.3 亿 km^3 的淡水储藏在极地和冰山冰川之中;另外,相当大的部分埋藏于地下。对人类起着重要作用的江河、湖泊地表水资源,其水量总和约为 47 万亿 m^3。我国河流年平均径流量 2.8 万亿 m^3,居世界第六位,位于巴西、俄罗斯、加拿大、美国和印度尼西亚之后。

多年来的生产和生活实践经验证明,解决水资源在时间和空间上的分配不均,以及来水和用水不相适应的矛盾,最根本的措施就是兴建水利水电工程。所谓水利水电工程,是指对自然界的地表水和地下水进行控制和调配,以达到除害兴利目的而修建的工程。如我国古代的都江堰工程、现代的三峡工程等。

水利水电工程的根本任务是除水害、兴水利,前者主要是防止洪水泛滥和洪涝成灾,后者则是从多方面利用水资源为人民造福,包括灌溉、发电、供水、排水、航运、养殖、旅游、改善环境等。

2.5.1　水利工程

水利工程是用于控制和调配自然间的地表水和地下水,是为除害兴利而修建的工程。水利工程通过修建坝、堤、溢洪道、水闸、进水口、渠道、渡槽、鱼道等不同类型的水工建筑物而实现其目标。水利事业随着科技的发展而不断发展,逐渐成为国民经济的支柱之一。

2.5.1.1　水库

水库是指采用工程措施在河流或各地的适当地点修建的人工蓄水池。新中国成立后,我国建设了一大批水库。新安江水库位于新安江中下游,建于 1960 年,集雨面积 $10\,442\ km^2$,总库容 220 亿 m^3,正常水位 108 m,相应库容 178.6 亿 m^3,承担着调节新安江洪水与兰江洪水错峰的任务。龙羊峡水库坝高 178 m,总库容 247 亿 m^3,是黄河干流上最大的多年调节型水库。丹江口枢纽是根治汉江洪灾的关键工程,水库以上流域面积 $95\,200\ km^2$,约占汉江流域面积的 60%,多年平均来水量为 390 亿 m^3,约占汉水来水量的 75%,水库正常蓄水位 157 m,总库容 209 亿 m^3,防洪库容 56 亿 ~78 亿 m^3。目前,我国总库容在 20 亿 m^3 以上的水库有 47 座。如图 2-75 所示为世界上最大的水库—三峡水库。

图 2-75　三峡水库

1. 水库的作用与组成

水库是综合利用水资源的有效措施。它可使地面径流按季节和需要重新分配,根据干旱、水涝灾害,可利用大量的蓄水和形成的水头为国民经济各部门服务。

水库一般由下面几部分组成。

1)拦河坝

拦河坝是挡水建筑物的一种,是组成水库最基本的建筑物,其主要作用是拦截河道、拦蓄水流、抬高水位。

2)取水、输水建筑物

取水、输水建筑物是指为满足用水要求,从水库中取水并将水输送到电站或灌溉系统的水工建筑物。

3)泄水建筑物

泄水建筑物的主要作用是渲泄水库中多余的水量,以保证大坝安全。

2. 水库对环境的影响

水库建成后,尤其是大型水库的建成,将使水库周围的环境发生变化,这也是在建设水库时所必须考虑的方面。水库主要影响库区和下游,其表现是多方面的。

1)对库区的影响

(1)淹没。库区水位抬高,淹没农田、房屋,进行移民安置。

(2)水库淤积。库内水流流速减小,造成泥沙淤积、库容减少,影响水库的使用年限。

(3)水温的变化。由于蓄水而使温度降低。

(4)水质变化。一般水库都有使水质改善的效果,但是应防止库水受盐分等的污染。

(5)气象变化。下雾频率增加,雨量增加,湿度增大。

(6)诱发地震。在地震区修建水库时,坝高超过 100 m、库容大于 10 亿 m³ 的水库,发生水库地震的概率达 17%。

(7)库区内可形成沼泽、耕地盐碱化等。

2)对水库下游的影响

(1)河道冲刷。水库淤积后的清水下泄时,会对下游河床造成冲刷,因水流流势变化会使河床发生演变以致影响河岸稳定。

(2)河道水量变化。水库蓄水后下游水量减少,甚至干枯。

(3)河道水温变化。由于下游水量减少,水温一般会升高。

3.水库库址选择

水库库址选择关键是坝址的选择,应充分利用天然地形。地形应尽可能满足下列条件:河谷尽可能狭窄,库内平坦广阔,但上游两岸山坡不要太陡或过分平缓,太陡容易滑坡,水土流失严重。要有足够的集雨面积,要有较好的开挖泄水建筑物的天然空间。要尽量靠近灌区,地势要比灌区高,以便形成自流灌溉,节省投资。另外,对工程安全起决定性因素的地质条件也不容忽视。

2.5.1.2　水利枢纽

水利枢纽是修建在同一河段或地点,共同完成以防治水灾、开发和利用水资源为目标的不同类型的水工建筑物的综合体。它是水利工程体系中最重要的组成部分,一般由挡水建筑物、泄水建筑物、进水建筑物及必要的水电站厂房、通航、过鱼、过木等专门性的水工建筑物组成。

水利枢纽根据其综合利用的情况,可以分为下列三大类:

(1)防洪发电水利枢纽:蓄水坝、溢洪道、水电站厂房。

(2)灌溉航运水利枢纽:蓄水坝、溢洪道、进水闸、输水道、船闸。

(3)防洪灌溉发电航运水利枢纽:蓄水坝、溢洪道、水电站厂房、进水闸、输水道(渠)、船闸。

如图 2-76 所示为我国葛洲坝水利枢纽。

2.5.2　水电工程

水能资源由太阳能转变而来,是以位能、压能和动能等形式存在于水体中的能量资源,亦称水力资源。广义的水能资源包括河流水能、潮汐水能、波浪水能和深海温差能源。狭义的水能资源指河流水能资源。

水力发电是利用水的能量发电,不消耗水量,没有污染,清洁,运行成本低,是优先考虑发展的能源。我国的水能资源居世界首位,其中可开发的水能资源为 1.03 亿 kW,年发

图 2-76　葛洲坝水利枢纽

电量为 4 300 亿 kWh。如三峡工程,装机容量 1 820 万 kW,年发电量 846.8 亿 kWh,相当于 10 座装机容量 200 万 kW 的大型火电站和一座年产 5 000 万 t 原煤的特大型煤矿。

2.5.2.1　水电站建筑物的主要类型及其组成

　　建设水电站主要是为了水力发电,但也要考虑其他国民经济部门的需要,如防洪、灌溉、航运等,以贯彻充分利用水资源的原则,充分发挥水资源的作用。

　　水力发电除了需要流量,还需要集中落差(水头)。水电站根据其集中水头的方式可分为堤坝式、引水式、混合式。其中,堤坝式又有坝后式和河床式之分;引水式又有无压引水式和有压引水式之别。就其建筑物的组成和形式来说,坝后式中的河岸式、混合式与有压引水式是相同的。

　　1. 坝后式水电站

　　坝后式水电站的特点是水力发电站的厂房紧靠挡水大坝下游,发电引水压力钢管通过坝体进入水电站厂房内的水轮机室,因此厂房结构不受水头所限,水头取决于坝高。其库容较大,调节性能好。这种形式的厂房比较普遍,例如三门峡水电站厂房(见图 2-77)。

图 2-77　三门峡水电站

　　2. 河床式水电站

　　河床式水电站一般修建在河道中下游河道纵坡平缓的河段上,为避免大量淹没,建低坝或闸,水电站的水头低,引用的流量大,所以厂房尺寸也大,足以靠自身重量来抵抗上游水压力以维持稳定,如我国浙江省的新安江水电站(见图 2-78)以及富春江水电站。

图 2-78　新安江水电站

河床式水电站的特点是只建有低坝,水库容量和调节能力均较小,主要依靠河流的天然流量发电,所以又称为径流式水电站。由于弃水较多,水能利用受到较大限制,综合效益相对较小,但淹没损失和移民安置的困难也较小。

3. 无压引水式水电站

无压引水式水电站的主要特点是引水建筑物是无压的,如明渠、无压隧洞。

无压引水式水电站的主要建筑物包括低坝、进水口、沉沙池、引水渠(洞)、日调节池、压力前池、压力水管、厂房、尾水渠等。

4. 有压引水式水电站

有压引水式水电站的特点是具有较长的有压引水道,一般多用隧洞。引水道末端设调压室,下接压力水管和厂房。主要建筑物可分为三个部分:一是首部枢纽;二是引水建筑物;三是厂区枢纽,包括调压室,高压管道,电站厂房,尾水渠及变电、配电建筑物等。

2.5.2.2　水电站建筑物的布置原则

(1)河床式水电站建筑物的布置适用于较低水头,一般在 30 ~ 40 m 甚至更低,多修建在河流的中下游河床坡降较平缓的地段或灌溉渠道上。例如长江上的葛洲坝水电站。

(2)当水头较高,一般超过 40 m 时,由于压力大,厂房本身的重量不足以维持其稳定时,采用坝后式水电站建筑物的布置。

(3)由于地形、地质条件,坝后不能布置电站或无坝引水,则采用引水式水电站建筑物的布置。

2.5.3　防洪工程

我国是一个洪涝灾害频发的国家,洪水灾害严重威胁着人民的生命财产安全,必须采取防治措施。防洪包括防御洪水灾害的对策、措施和方法,研究对象主要包括研究洪水自然规律,河道、洪泛区状况及其演变。防洪工作的基本内容可分为建设、管理、防汛和科学研究几部分。

防洪工程是控制、防御洪水以减免洪灾损失而修建的工程,是人类与洪水灾害斗争的控制手段。防洪工程就其功能和修建的目的来说,分为挡(阻)、分(流)、泄(排)和蓄(滞)洪水四个方面。其形式为堤防工程、河道整治工程、分洪工程和水库等。

防洪工程设置的基本原则是统筹规划、综合利用、蓄泄兼筹、因地制宜、区别对待。

2.5.3.1　防洪工程的功能与作用

1. 挡阻

防洪工程主要运用工程措施"挡"住洪水对保护对象的侵袭。其具体措施包括坡地治理,如农田轮作制、整修梯田、植树造林等;河道治理,如修筑河、湖堤来防御河、湖的洪水灾害;用海堤和挡潮闸来防御海潮;用围堤保护低洼地区不受洪水侵袭等。

2. 分洪

分洪工程是建造一些设施,当河道洪水位将超过保证水位或流量将超过安全泄量时,为保障保护区安全,而采取的分泄超额洪水的措施。将这些超额洪水分泄入湖泊、洼地,或分泄于其他河流,或直泄入海,或绕过保护区,在下游仍返回原河道,它是牺牲局部保存全局的措施。

3. 泄排

泄排即充分利用河道本身的排泄能力,使洪水安全下泄。根据其工程类别可分为河道整治和修筑堤防两种。河道整治的目的是增加过水能力,以减小洪水泛滥的程度和频率。堤防是在河道一侧或两侧连续堆筑的土堤,通常以不等距离与天然河道相平行,大水时在河道内形成一人为约束的行洪道,防止洪水漫溢。泄洪是平原地区河道采用较为广泛的措施。

4. 蓄滞

蓄滞主要是拦蓄调节洪水,以便削减洪峰,减轻下游防洪工程的负担,是当前流域防洪系统中的重要组成部分。例如利用分洪区工程、水库等蓄滞洪水。

2.5.3.2　防洪工程设施

河流或一个地区的防洪任务,通常是由多种工程措施相结合,构成防洪工程体系来承担,对洪水进行综合治理,达到预期的防洪目标。

1. 堤防工程

沿河、渠、湖、海岸或行洪区、分洪区、围垦区的边缘修筑的挡水建筑物称为堤防工程。堤防按其修筑的位置不同,可分为河堤、江堤、湖堤、海堤以及水库、蓄滞洪区低洼地区的围堤等;堤防按其功能可分为干堤、支堤、子堤、遥堤、隔堤、防洪堤、围堤(圩垸)、防浪堤等;堤防按建筑材料可分为土堤、石堤、橡胶坝(见图2-79)、土石混合堤和混凝土防洪墙等。

2. 河道整治

河道整治包括控制和调整河势,裁弯取直,河道展宽和疏浚。

3. 水库

水库是用坝、堤、水闸、堰等工程,在山谷、河道或低洼地区形成的人工水域。作用有防洪、水力发电、灌溉、航运、城镇供水、水产养殖、旅游、改善环境等。同时,要防止水库的淤积、渗漏、塌岸、浸没,要注意水质变化和对当地气候的影响。

图 2-79　河南省信阳市浉河橡胶坝工程

4. 分洪工程

　　分洪工程是利用在洪泛区修建分洪闸,分泄河道部分洪水,将超过下游河道泄洪能力的洪水通过泄洪闸泄入滞洪区或通过分洪道泄入下游河道或其他相邻河道,以减轻下游河道的洪水负担。滞洪区多为低洼地带、湖泊、人工预留滞洪区、废弃河道等。当洪水水位达到堤防防洪限制水位时,打开分洪闸,洪水进入滞洪区,待洪峰过后适当时间,滞洪区洪水再经泄洪闸进入原河道。

　　分洪工程一般由进洪设施与分洪道、蓄滞洪区、避洪措施、泄洪排水设施等部分组成。如图 2-80 所示为我国荆江分洪工程。

图 2-80　荆江分洪工程

2.6　给水排水工程

给水排水工程是城市基础设施的一个组成部分。城市的人均耗水量和排水处理比例，往往反映出一个城市的发展水平。为了保障人民生活和工业生产，城市必须具有完善的给水和排水系统。给水排水工程可以分为城市公用事业和市政工程的给水排水工程、工业企业大中型生产的给水排水及水处理工程和建筑给水排水工程。各类给水排水工程（见图2-81）在服务规模及设计、施工与维护等方面均有不同的特点。

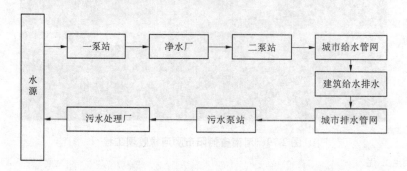

图 2-81　给水排水工程构成

给水工程包括城市给水和建筑给水两部分，前者解决城市区域的供水问题，后者解决一栋建筑物的供水问题。

2.6.1　城市给水工程

2.6.1.1　城市给水系统

城市给水主要是供应城市所需的生活、生产、市政和消防用水。城市给水系统一般由取水工程、输配水工程、水处理工程和配水管网工程四部分组成。水源距离城市较近时往往没有输水工程。

1. 取水工程

取水工程是城市给水的关键，不论是地下水源还是地表水源，均应取得当地卫生部门的论证并认可。它包括管井、取水设备、取水构筑物等。管井是从地面打到含水层，抽取地下水的井。取水构筑物有地表水取水构筑物和地下水取水构筑物之分。前者是指从江河、湖泊、水库、海洋等地表水取水的设备，一般包括取水头部、进水管、集水井和水泵房；后者是指从地下含水层取水的构筑物，其提水设备为深井泵或深井潜水泵。

2. 输配水工程

输配水管网是城市给水工程中造价最高的部分，一般占到整个系统造价的50%～80%，因此在设计和规划城市的管网系统时必须进行多种方案的比较。管网布局、管材的选用和主要输水管道的走向，都会影响工程的造价，在设计中还应考虑运行费用，进行全面比较和综合分析。它包括输水管（见图2-82）、配水管网、明渠，作用是形成水流通道，将水从水源送至用户。

图 2-82　输水管网

3. 水处理工程

水处理工程的设计目的是通过水处理工艺,除去水中的杂质(主要是水中的悬浮物和胶体),保证给水水质符合相关标准(见图 2-83)。目前,我国大部分净水厂采用的常规处理工艺为混合、絮凝、沉淀、过滤和消毒,并根据原水的水质条件和供水的水质要求,采取预处理或深度处理,以补充常规处理的不足。

图 2-83　水处理厂

2.6.1.2　城市给水系统分类

城市给水系统种类较多,一座城市的历史、现状和发展规划,由于其地形、水源状况和用水要求等因素,使得城市给水系统千差万别,但概括起来有下列几种。

1. 统一给水系统

当城市给水系统的水质,均按生活用水标准统一供应给各类建筑作生活、生产、消防用水,则称此类给水系统为统一给水系统。这类给水系统适用于新建中小城市、工业区或大型厂矿企业中用水户较集中、地势较平坦,且对水质、水压要求也比较接近的情况。

2. 分质给水系统

当一座城市或大型厂矿企业的用水,因生产性质对水质要求不同,特别对用水大户,其对水质的要求低于生活用水标准,则适宜采用分质给水系统。这种给水系统显然因分质供水而节省了净水运行费用,缺点是需设置两套净水设施和两套管网,管理工作复杂。选用这种给水系统应做技术经济分析和比较。

3. 分压给水系统

当城市或大型厂矿企业用水户要求水压差别很大,如果按统一供水,压力没有差别,必定会造成高压用户压力不足而增加局部增压设备,这种分散增压不但增加管理工作量,而且能耗也大。

4. 分区给水系统

分区给水系统是将整个系统分成几个区,各区之间采取适当的联系,而每区有单独的泵站和管网。采用分区系统技术上的原因是为使管网的水压不超过水管能承受的压力。因一次加压往往使管网前端的压力过高,经过分区后,各区水管承受的压力下降,并使漏水量减少。在经济上,分区的原因是降低供水能量费用。在给水区范围很大、地形高差显著或远距离输水时,均须考虑分区给水系统。

5. 循环和循序给水系统

循环系统是指使用过的水经过处理后循环使用,只从水源取得少量循环时损耗的水。循序系统是在车间之间或工厂之间,根据水质重复利用的原理,水源水先在某车间或工厂使用,使用过的水又到其他车间或工厂应用,或经冷却、沉淀等处理后再循序使用,这种系统不能普遍应用,原因是水质较难符合循序使用的要求。

6. 中水系统

中水系统是指将各类建筑或建筑小区使用后的排水,经处理达到中水水质要求后,回用于厕所便器冲洗、绿化、洗车、清扫等各种杂用水用水点的一整套工程设施。

中水系统的设置可实现污水、废水资源化,使污水、废水经处理后可以回用,既节省了水资源,又使污水无害化。其在保护环境、防治水污染、缓解水资源不足等方面起到了重要作用。高层建筑用水量一般较大,设置中水系统具有很高的现实意义。

2.6.2　建筑给水系统

建筑给水系统的任务就是经济合理地将水由城市给水管网(或自备水源)输送到建筑物内部的各种卫生器具、用水龙头、生产装置和消防设备,并能满足各水点对水质、水量、水压的要求。建筑给水包括建筑内部给水和居住小区给水。

2.6.2.1　建筑内部给水系统

建筑内部给水系统的供水方案基本类型有直接给水方式、设水箱的给水方式、设水泵的给水方式、设水泵和水箱的给水方式、分区给水方式等。建筑内部给水系统如图2-84所示。

2.6.2.2　居住小区给水工程

居住小区位于市区供水范围时,应采用市政给水管网作为给水水源,以减少工程投资,若居住在离市区较远,需铺设专门的输水管道时,可经过技术经济比较,确定是否自备水源。在严重缺水地区,应考虑建设居住小区的中水工程,用中水来冲洗厕所、浇洒绿地和道路。

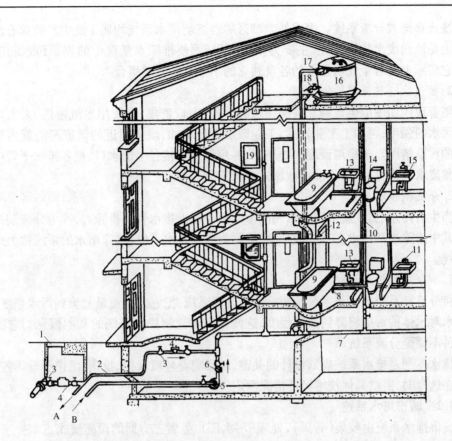

1—阀门井;2—引入管;3—闸阀;4—水表;5—水泵;6—逆止阀;7—干管;8—支管;
9—浴盆;10—立管;11—水龙头;12—淋浴器;13—洗脸盆;14—大便器;15—洗涤盆;
16—水箱;17—进水箱;18—出水管;19—消火栓;A—入贮水池;B—来自贮水池

图 2-84　建筑内部给水系统

居住小区的供水方式应根据小区内建筑物的类型、建筑高度、市政给水管网提供的水头和水量等综合因素考虑。做到技术先进合理,供水安全可靠,投资少,节能,便于管理。

2.6.3　城市排水工程

城市排水工程主要是指收集、输送、处置和处理废水的工程。由于生活污水、工业废水和雨水的水质、水量及危害不同,所以根据对其收集、处理和处置方式的不同就形成了不同的排水体制。排水体制分为合流制排水系统、分流制排水系统、半分流制排水系统。

2.6.3.1　城市排水体制

1. 合流制排水系统

将生活污水、工业废水和雨水混合在同一管道(渠)系统内排放的排水系统称为合流制排水系统。根据污水汇集后的处置方式不同,又可把合流制排水系统分为简单合流系统和截流式合流系统两类。

1)简单合流系统

城市污水与雨水径流不经任何处理直接排入附近水体的合流制排水系统称为简单合

流系统或直排式合流系统。国内外老城区的合流制排水系统均属于此类。简单合流系统实际上是地面废水排除系统,主要为雨水而设,顺便排除水量很少的生活污水和工业废水。它实际上是若干先后建造的各自独立的小系统的简单组合。

2)截流式合流系统

随着现代房屋卫生设备和高层建筑的出现,人口密集,粪便用水流输送,大大增加了城市污水的强度;再加上工业发达,工业废水大量增加,城市附近的河流湖泊就出现不能容忍的污染情况。于是增设废水处理厂,并用管道连接各个出水口,把各排水干管中的废水汇集废水厂进行处理,就形成截流式合流系统。

2. 分流制排水系统

当生活污水、工业废水和雨水用两个或两个以上排水管渠排除时,称为分流制排水系统。其中排除生活污水、工业废水的系统称为污水排水系统;排除雨水的系统称为雨水排水系统。

3. 半分流制排水系统

将分流制系统的雨水系统仿照截流式合流系统,把它的小流量截流到污水系统,则城市废水对水体的污染将降到最低程度,这就是半截流制排水系统的基本概念。它实质上是一种不完全分流系统。

排水体制是排水系统规划设计的关键,也影响着环境保护、投资、维护管理等各方面,因此在选择时,需就具体技术经济情况而定。

2.6.3.2　城市排水系统

城市排水系统由收集(管渠)、处理(污水厂)、处置三方面的设施组成。

1. 排水管渠系统

排水管渠系统由管道、渠道和附属构筑物(检查井、雨水井、污水泵站和倒吸虹管)组成。管渠系统满布整个排水区域,但形成系统的构筑物种类不多,主体是管道和渠道,管道之间由附属构筑物连接。有时,还需设置泵站以连接低管段和高管段,最后是出水口。排水管道应根据城市规划地势情况以长度最短顺坡布置,可采用截流、扇形、分区、分散形式布置。雨水管道应就近排入水体。

2. 污水处理厂

城市污水在排放前一般都先进入污水处理厂处理,如图 2-85 所示。污水处理厂由处理构筑物(主要是池式构筑物)和附设建筑物(道路、照明、给水、排水、供电、通信系统和绿化场地)等组成。处理构筑物之间用管道或明渠连接。污水处理厂的复杂程度根据处理要求和水量而定。污水处理厂一般位于地势较低处和城镇水体下游,与居民区有一定隔离带,主导风向下方,不能被洪水浸淹,地质条件好,地形有坡度。

2.6.4　建筑排水系统

建筑排水系统是指接纳输送居住小区范围建筑物内外部排出的污、废水及屋面、地面雨雪水的排水系统。其包括建筑内部排水系统与居住小区排水系统两类。

图 2-85　污水处理厂

2.6.4.1　建筑内部排水系统

1. 生活污水排水系统

生活污水排水系统指排除居住、公共建筑以及工厂生活间的污水、废水的系统。生活污水在经过处理后可作为杂用水,用来冲洗厕所、浇洒绿地和道路、冲洗汽车等。

2. 工业废水排水系统

工业废水排水系统是指排除工艺生产过程中产生的污水、废水系统。为便于污水的处理和综合应用,按污染程度可分为生产污水和生产废水。生产污水污染较重,需经过处理,达到排放标准后排放;生产废水污染较轻,如机械设备冷却水、生产废水可直接作为杂用水水源,也可经过简单处理后回用或排入水体。

3. 屋面雨水排水系统

屋面雨水系统(见图 2-86)用以排除屋面的雨水和冰、雪融化水。按雨水管道敷设的不同情况,可分为外排水系统和内排水系统两类。

图 2-86　屋面有组织排水

2.6.4.2　居住小区排水系统

居住小区排水系统是建筑排水系统和城市排水系统的过渡部分,是指汇集居住小区内各类建筑物排放的污水、废水和地面雨水,并将其输入城镇排水管网或经处理后直接排放。

居住小区排水系统的排水体制和城市排水体制相同,分为分流制和合流制。排水管道由接户管、支管、干管等组成,可根据实际情况,按照管线短、埋深小、尽量自流排出的原则来布置。居住小区排水量指生活用水后能排入污水管道的流量,其数值应等于生活用水量减去回收的水量。

第 3 章　建筑业

3.1　建筑的概念

3.1.1　建筑的定义

建筑是指人们用泥土、砖、瓦、石材、木材、钢筋混凝土、型材等建筑材料建造成的一种供人们居住和使用的空间,如住宅、桥梁、厂房、体育馆、窑洞、水塔、寺庙等。广义上来讲,景观、园林也是建筑的一部分。更广义地讲,动物有意识建造的巢穴也可算作建筑。

建筑不仅要为人们提供有组织的空间以满足使用上的要求,而且要使这个空间在精神上能给人们以美的感受和思想情绪上的影响。因此,从这方面来说,建筑具有物质功能要求和艺术审美要求,它既是物质产品,又是精神产品。如图 3-1 所示,神庙是古希腊建筑中最重要的类型。古希腊信奉的是以神灵作为自然现象象征的多神教。神庙被认为是神灵在当地的居所。如图 3-2 所示,故宫是我国传统建筑艺术的结晶,它体现出当时帝王至尊、江山永固的主题思想,创造出巍峨壮观、富丽堂皇的组群空间和建筑形象,堪称我国古代大型组群布置的典范。

图 3-1　帕特农神庙(希腊)

建筑是人工创造的空间环境,包含建筑物和构筑物。建筑物指供人们在其内进行生产、生活或其他活动的房屋(或场所),如住宅、医院、办公楼等。构筑物是指为满足某一特定的功能建造的,人们一般不直接在其内进行活动的场所,如水塔、桥梁、堤坝、烟囱、储油罐等。

图 3-2　故宫

3.1.2　建筑的历史含义

　　我国建筑大师梁思成曾言:"建筑作为历史文化的记录和见证,忠实地反映了社会的政治、经济、思想与文化。研究建筑的发展史,无疑可以明白无误地触摸到民族历史的脉搏。"

　　建筑物最初是人类为了遮蔽风雨和防备野兽的侵袭而产生的。建筑的发展大体上分为穴居和巢居两大体系(见图3-3)。在原始社会,建筑的发展是极其缓慢的,在漫长的岁月里,我们的祖先从艰难地建造穴居和巢居开始,逐步掌握了营建地面建筑的技术,创造了原始的木架建筑,满足了最基本的居住和公共活动的要求。人们不断地在实践中把建筑的技能和艺术提高,例如:了解木材的性能,泥土与沙石在化学方面的变化,在思想方面的丰富,和对造型艺术方面的熟练,逐渐形成一种最高度综合性的创造。古文献记载:"上古穴居野处,后世圣人易之以宫室,上栋下宇以蔽风雨"。根据罗马时代的建筑家维特鲁威所著的现存最早的建筑理论书《建筑十书》的记载,建筑包含的要素应兼备用(utilitas,实用)、强(firmitas,坚固)、美(venustas,美观)的特点,为了实现这些特点,应确立艺术且科学的观点。人类的建筑活动,从穴居、巢居到现代的摩天大楼经历了漫长的发展历程。

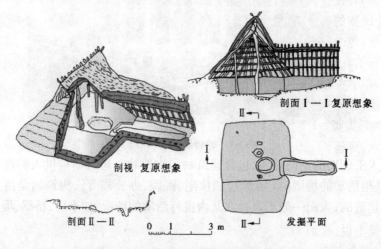

剖面Ⅰ—Ⅰ复原想象

剖视 复原想象

剖面Ⅱ—Ⅱ

0　1　3 m

Ⅱ

Ⅰ

发掘平面

图 3-3　陕西半坡村原始社会的建筑物

建筑的对象大到包括区域规划、城市规划、景观设计等综合的环境设计构筑、社区形成前的相关营造过程,小到室内的家具、小物件等的制作。

3.1.3 建筑的特点

(1)建筑是人类在生产活动中克服自然、改变自然的记录。建筑活动就必定包括人类掌握自然规律、发展自然科学的过程。在建造各种类型的房屋的实践中,人类首先认识了各种木材、石头、泥沙的性能,那就是这些材料在一定的结构情形下的物理规律,这样就掌握了最原始的材料力学。知道在什么位置上使用多大或多小的材料,怎样去处理它们之间的互相联系,就掌握了最简单的土木工程学。其次,人们又发现了某一些天然材料,特别是泥土与沙石等,在一定的条件下的化学规律,如水搅、火烧等,因此很早就发明了最基本的人工建筑材料,如砖、石灰、灰浆等。发展到了近代,便有了玻璃、五金、水泥、钢筋和人造木等,发展了化工的建筑材料工业。所以,建筑工程学也是自然科学的一个部分。

(2)建筑是艺术创造。从石器时代的遗物中我们就可看出,人类对所使用的生产工具、衣服、器皿、武器等,除实用要求外,总要有某种加工,以满足美的要求,也就是文化的要求,住房也是一样。从古至今,人类在住房上总是或多或少地下过工夫,以求造型上的美观。例如,自有史以来无数的民族,在不同的地方,不同的时代,都在建筑艺术上不断地各自努力,从没有停止过的。

(3)建筑活动也反映当时的社会生活和政治经济制度。如宫殿、庙宇、民居、仓库、城墙、堡垒、作坊、农舍,有的是直接为生产服务,有的是被统治阶级用以巩固政权,有的被他们独占享用。如古代的奴隶主可以奴役数万人为他建筑高大的建筑物,以显示他的权威;建造坚固的防御建筑,以保护他的财产。古代的高坛、大型陵墓都属于这种性质。

(4)不同的民族在衣食、工具、器物、家具方面,都有不同的民族性格或民族特征。数千年来,每一个民族,每一时代,在一定的自然环境和社会环境中,积累了世代的经验,都创造出自己的形式,各有其特征,建筑也是一样的。在器物等方面,人们在科学方面采用了当时他们认为最方便、最合用的材料,根据他们所能掌握的方法加以合理的处理,成为习惯的手法,同时在艺术方面加工出他们认为最美观的纹样、体形和颜色,因而形成了一个地区、一个民族的典型,就成了这个民族在工艺上的特征,成为这个民族的民族形式。建筑也是一样,每个民族虽然在各个不同的时代里,所创造出的器物和建筑都不一样,但在同一个民族里,每个时代的特征总是一部分继续着上个时代的特征,另一部分发展着新的方向。虽有变化,但总是继承许多传统的特质,所以无论是哪一种工艺,包括建筑,不论属于什么时代,总是有它一贯的民族精神。

(5)建筑是人类一切造型创造中最庞大、最复杂也最耐久的一类,所以它所代表的民族思想和艺术,更显著、更多面、更重要。从体积上看,人类创造的东西没有比建筑在体积上更大的了。古代的大工程如秦始皇时所建的阿房宫,"前殿阿房,东西五百步,南北五十丈,上可以坐万人,下可以建五丈旗。"记载数字虽不完全可靠,体积的庞大必无可疑。又如埃及胡夫金字塔高 146.59 m,屹立在沙漠中遥远可见。我国的万里长城绵亘两万余千米。从数量上说,有人的地方就必会有建筑物。人类聚居密度愈大的地方,建筑就愈多,它的类型也愈多变化,合起来就成为城市。世界上没有其他东西改变自然的面貌如建筑这么厉害。从耐久性上说,建筑因是建造在土地上的,体积大,要承托很大的重量,建造起来不是易事,能将它建造起来总是需要付出很大的劳动力和物资财力的。所以,一旦建造成功,人们就不愿轻易移动或拆除它,因此其使用的期限总是尽可能地延长。能抵御自然侵蚀,又不受人为破坏的建筑物,便能长久地被保存下来,成为珍贵的历史文物,成为各时代劳动人民创造力量、创造技术的真实证据。

(6)从建筑上可以反映建造它的时代和地方多方面的,政治和经济制度,在文化方面,建筑也有高度的代表性。例如,封建时期各国巍峨的宫殿,坚固的堡垒,不同程度的资本主义社会大量拥挤的工业区和紊乱的商业街市,和半西不中的中国买办势力地区内的各种建筑,都反映着当时的经济、政治情况。

3.2　建筑业的概念

建筑业是营造各类房屋和土木工程建筑,进行建筑安装、建筑装饰和其他建筑活动的物质生产部门,是从事建筑生产和经营活动的行业。其产品是各种工厂、矿井、铁路、桥梁、港口、道路、管线、住宅及公共设施的建筑物、构筑物和设施。建筑业形成的条件有以下三项:

(1)社会手工操作被大机器生产所取代。

(2)建筑劳动力市场的形成。

(3)建材工业的发展。

建筑业的产品转给使用者之后,就形成了各种生产性和非生产性的固定资产。它是国民经济各物质生产部门和交通运输部门进行生产的手段,是人民生活的重要物质基础。美国和其他一些西方国家把建筑业与钢铁工业、汽车工业并列为国民经济的三大支柱。

3.3　建筑产品的特点

所谓建筑产品,是指建筑业向社会所提供的具有一定功能,可供人类使用的最终产品,它是经过勘察设计、建筑施工、构配件制作和设备安装等一系列劳动而形成的。建筑产品分为广义和狭义的建筑产品。广义的建筑产品指建筑业向社会所提供的具有一定功能、可供人类使用的土木工程以及附属设施工程,线路管道工程和设备安装工程以及装饰装修工程。狭义的建筑产品包括房屋建筑产品、附属设施产品、线路管道和设备安装产品。建筑产品可以分解为以下几层:

(1)建设项目。是指具有一个计划任务书,按一个总体设计进行施工,经济上独立核算,行政上统一组织的工程建设单位。

(2)单项工程。是指具有独立的设计文件,建成后可以独立发挥效能或独立组织生产的工程。

(3)单位工程。是指具有单独设计,但不能单独发挥效能而又可以独立组织施工的工程。

(4)分部工程。一般按单位工程的各个部位或工种划分。

(5)分项工程。是指能用较简单的施工过程施工并可以用适当的计量单位加以计量,便于进行计价的工程基本构造要素。

建筑产品主要特点如下:

(1)固着地上,不能移动。

(2)复杂多样,彼此各异。

(3)形体庞大,整体难分。

(4)经久耐用,使用期长。

3.4　建筑施工的特点

建筑施工的特点主要由建筑产品的特点所决定。和其他工业产品相比较,建筑产品具有体积庞大、复杂多样、整体难分、不易移动等特点,从而使建筑施工除具备一般工业生产的基本特性外,还具有下述主要特点:

(1)产品固定,人员流动。

建筑施工最大的特点就是产品固定,人员流动。任何一栋建筑物、构筑物等一经选定了地址,破土动工兴建就固定不动了,但生产人员要围绕着它上上下下地进行生产活动。

建筑产品体积大、生产周期长,有的持续几个月或一年,有的需要三五年或更长的时间。这就形成了在有限的场地上集中了大量的操作人员、施工机具、建筑材料等进行作业的局面,这与其他产业的人员固定、产品流动的生产特点截然不同。

建筑施工人员流动性大,不仅体现在一项工程中,当一座厂房、一栋楼房完成后,施工队伍就要转移到新的地点去建设新的厂房或住宅。这些新的工程可能在同一个街区,也可能在不同的街区,甚至是在另一个城市内,施工队伍就要相应在街区、城市内或者地区间流动。改革开放以来,由于用工制度的改革,施工队伍中绝大多数施工人员是来自农村的农民工,他们不但要随工程流动,而且要根据季节的变化(农忙、农闲)进行流动,给安全管理带来很大的困难。

(2)露天作业、高处作业多,手工操作,繁重体力劳动。

建筑施工绝大多数为露天作业,一栋建筑物从基础、主体结构、屋面工程到室外装修等,露天作业约占整个工程的70%。建筑物都是由低到高构建起来的,以民用住宅每层高2.9 m计算,两层就是5.8 m,现在一般都是七层以上,甚至是十几层几十层的住宅,施工人员都要在十几米、几十米甚至百米以上的高空从事露天作业,工作条件差。

我国建筑业虽然有了很大发展,但至今大多数工种仍然没有改变,如抹灰工、瓦工、混凝土工、架子工等仍以手工操作为主。劳动繁重、体力消耗大,加上作业环境恶劣,如光线、雨雪、风霜、雷电等影响,导致操作人员注意力不集中或由于心情烦躁,违章操作的现象十分普遍。

(3)建筑施工变化大,规则性差;不安全因素随工程形象进度的变化而改变。

每栋建筑物由于用途不同、结构不同、施工方法不同等,不安全因素不相同;即使同类型的建筑物,因工艺和施工方法不同,不安全因素也不同;即使在一栋建筑物中,从基础、主体到装修,每道工序不同,不安全因素也不同;即使同一道工序,由于工艺和施工方法不同,不安全因素也不相同。因此,建筑施工变化大,规则性差。施工现场的不安全因素随着工程形象进度的变化而不断变化,每个月、每天,甚至每小时都在变化,给安全防护带来诸多困难。

3.5　建筑市场及主体

3.5.1　建筑市场

建筑市场是建设工程市场的简称,是进行建筑商品和相关要素交换的市场。建筑市场是固定资产投资转化为建筑产品的交易场所。建筑市场由有形建筑市场和无形建筑市场两部分构成,如建设工程交易中心——收集与发布工程建设信息,办理工程报建手续、承发包、工程合同及委托质量安全监督和建设监理等手续,提供政策法规及技术经济等咨询服务。无形市场是在建设工程交易之外的各种交易活动及处理各种关系的场所。

建筑市场有狭义和广义之分。狭义的建筑市场是指交易建筑商品的场所。由于建筑商品体形庞大、无法移动,不可能集中在一定的地方交易,所以一般意义上的建筑市场为无形市场,没有固定交易场所。它主要通过招标投标等手段,完成建筑商品交易。当然,交易场所随建筑工程的建设地点和成交方式不同而变化。

我国许多地方提出了建筑市场有形化的概念。这种做法提高了招标投标活动的透明度,有利于竞争的公开性和公正性,对于规范建筑市场有着积极的意义。

广义的建筑市场是指建筑商品供求关系的总和,包括狭义的建筑市场、建筑商品的需求程度、建筑商品交易过程中形成的各种经济关系等。

3.5.2　建筑市场主体

建筑市场的主体是指参与建筑生产交易的各方。我国建筑市场的主体主要包括业主(又称建设单位或发包人)、承包商(勘察单位、设计单位、施工单位、资料供应商)、为市场主体服务的各种中介机构(咨询机构、监理机构)等。

3.5.2.1　业主

业主指既有某项工程建设需求,又有该工程建设资金和准建手续,在建筑市场中发包建设任务,并最终取得建筑产品的政府部门、企事业单位和个人。其重要特质:业主只有在发包工程和组织工程建设时才成为建设市场的主体,因此具备不确定性。

由于业主主体资质审查十分困难,所以对其进行约束和规范,只能通过法律和经济的手段来实现——项目法人责任制(业主责任制)。在我国,工程建设中常将业主称为建设单位或甲方、发包人。

3.5.2.2　承包商

承包商是指有一定生产能力、技术装备、流动资金,具有承包工程建设任务的营业资格,在建筑市场中能够按照业主的要求,提供不同形态的建筑产品,并获得工程价款的建筑业企业。按照他们进行生产的主要形式不同,分为勘察、设计单位,建筑安装企业,混凝土预制构件、非标准件制作等生产厂家,商品混凝土供应站,建筑机械租赁单位,以及专门提供劳务的企业等;按照他们的承包方式不同分为施工总承包企业、专业承包企业、劳务分包企业。在我国,工程建设中承包商又称为乙方。

承包商的实力主要体现在以下四个方面:

(1)技术。有精通本行的工程师、造价师、经济师、会计师、项目经理、合同管理人员,以及机械施工设备、施工经验。

(2)经济。具有周转资金、设备资金,承担风险资金,国际工程还需要有筹集外汇的能力。

(3)管理。具有成本控制能力及施工管理方法。

(4)信誉。保证工程质量、安全、工期,文明施工,合同履约。

3.5.2.3　中介机构

中介机构是指具有一定注册资金和相应的专业服务能力,持有从事相关业务执照,能对工程建设提供估算测量、管理咨询、建设监理等智力型服务或代理,并取得服务费用的咨询服务机构和其他为工程建设服务的专业中介组织。中介机构作为政府、市场、企业之间联系的纽带,具有政府行政管理不可替代的作用。在此种情况下诞生的各种建材询价网站,也大大地方便了造价信息的查询。发达市场的中介机构是市场体系成熟、市场经济发达的重要表现。

3.5.3　建筑市场主体的管理

3.5.3.1　建筑市场从业企业资质管理

资质管理是指对从事建设工程的单位尽心审查,以保证建设工程质量和安全符合我国相关法律法规的规定。申请资质的条件包括注册资金、专业技术人员、技术装备和已完成的建筑工程业绩等。取得相应等级的资质证书后,方可在其资质等级许可的范围内从事建筑活动。

3.5.3.2　建筑市场专业技术人员职业资格管理

专业技术人员职业资格是对从事某一职业所必备的学识、技术和能力的基本要求,职业资格包括从业资格和执业资格。从业资格是政府规定专业技术人员从事某种专业技术性工作的学识、技术和能力的起点标准。执业资格是政府对某些责任较大,社会通用性强,关系公共利益的专业技术工作实行的准入控制,是专业技术人员依法独立开展或独立从事某种专业技术工作学识、技术和能力的必备标准。通常把取得执业资格证书的工程师称为专业人士。

我国已确定的执业资格种类有注册建筑师、勘察设计注册工程师、注册监理工程师、房地产估价师、注册资产评估师、注册造价工程师、注册城市规划师、注册咨询工程师(投资)以及注册建造师等。

3.5.4　建筑市场客体

市场客体是指一定量的可供交换的商品和服务,它包括有形的物质产品和无形的服务,以及各种商品化的资源要素,如资金、技术、信息和劳动力等。市场活动的基本内容是商品交换,若没有交换客体,就不存在市场。具备一定量的可供交换的商品,是市场存在的物质条件。

　　建筑市场的客体一般称作建筑产品,它包括有形的建筑产品(建筑物)和无形的产品(各种服务)。客体凝聚着承包商的劳动,业主以投入资金的方式取得它的使用价值。在不同的生产交易阶段,建筑产品表现为不同的形态。它可以是中介机构提供的咨询报告、咨询意见或其他服务,可以是勘察设计单位提供的设计方案、设计图纸、勘察报告,可以是生产厂家提供的混凝土构件、非标准预制构件等产品,也可以是施工企业提供的最终产品——各种各样的建筑物和构筑物。

3.6　建筑业的黄金时代

　　《国务院办公厅关于促进建筑业持续健康发展的意见》(国办发〔2017〕19 号)对进一步深化建筑业"放管服"改革,加快产业升级,促进建筑业发展提出了具体要求。

　　"十二五"时期,我国建筑业发展取得了巨大成绩。全国具有资质等级的施工总承包和专业承包企业完成建筑业总产值年均增长 13.48%,建筑业增加值年均增长 8.99%;全国工程勘察设计企业营业收入年均增长 23.19%;全国工程监理企业营业收入年均增长 15.66%。2015 年,全社会建筑业实现增加值 46 547 亿元,占国内生产总值的 6.79%;建筑业从业人员达 5 093.7 万人,占全国从业人员的 6.58%。建筑业在国民经济中的支柱产业地位继续增强,为推进我国城乡建设和新型城镇化发展,改善人民群众居住条件,吸纳农村转移劳动力,缓解社会就业压力做出重要贡献。

　　"十三五"时期,我国经济发展进入新常态,增速放缓,结构优化升级,驱动力由投资驱动转向创新驱动。以发挥市场在资源配置中起决定性作用和更好发挥政府作用为核心的全面深化改革进入关键时期。新型城镇化、京津冀协调发展、长江经济带发展和"一带一路"建设,形成建筑业未来发展的重要推动力和宝贵机遇。

　　2014 年 7 月,住房和城乡建设部颁布《关于推进建筑业发展和改革的若干意见》(建市〔2014〕92 号),提出"促进建筑业发展方式转变,积极稳妥推进建筑产业现代化等各项改革措施"。实现房屋建筑的产业化、多样化、工业化,将是未来建筑业的发展趋势。以建筑产业化、工业化的方式重新组织建筑业是提高劳动效率、提升建筑质量的重要方式,也是我国未来建筑业的发展方向;随着全社会对环境日益重视,建设过程的环保成本,将会逐步提高,如何减少建筑的建设过程对环境的污染、降低建设成本将是整个行业必须面对的挑战;随着我国社会老龄化的到来,青壮年劳动力资源将会逐步减少,建筑建设过程中人工成本也将越来越高;现代化的设计手段(BIM)、三维协同设计以及行业预制能力发展,将有效降低异形预制件的生产成本,能够有效解决建筑行业产业化、工业化对建筑个性的影响……以上这些因素对建筑产业化、工业化将起到积极促进作用。

　　2015 年 7 月,国务院正式发布《关于积极推进"互联网 +"行动的指导意见》,明确未来 3~10 年"互联网 +"的发展目标,提出了创业创新、协同制造、人工智能、绿色生态等 11 项重点行动,并部署了相关支撑措施。"互联网 +"将重构整个建筑设计行业生态圈,除了现有的实体建筑商,还将诞生一批依托互联网平台的软硬件供应商、网络服务商、专业咨询服务商、征信机构、金融合作伙伴等数字建筑商。因此,建筑设计行业信息化在新技术和新设备材料运用、新服务模式、施工配合服务、大数据处理等方面都存在巨大的市场空间,前景广阔,这将带动建筑设计行业的创新发展与整体进步。

BIM 技术的参数化、数字化建模功能可以为制定统一的建筑模数和重要的基础标准提供模拟数据。BIM 技术的可视化、协调性、模拟性及优化性等特点可以合理解决标准化和多样化的关系问题,有助于建立和完善产品标准、工艺标准、企业管理标准、工法等,为不断提高建筑标准化水平提供有效手段。特别是随着建筑全行业的发展,对建筑设计企业的工程建设造价控制、建筑运行维护管理提出了更高的要求,BIM 技术为建筑设计的后续延伸服务提供了重要技术支撑。

建筑设计行业企业众多,行业同质化现象比较突出,大部分企业的业务范围相同或似,行业内部竞争激烈。国家削减楼堂馆所建设、房地产行业不景气对建筑设计行业产生较大冲击,造成全行业业务下滑。但有些领域依然保持较为强劲的发展势头,如医疗、养老、康复等民生工程,城市基础设施建设中的机场、城市轨道交通、综合管廊、铁路、港口,新兴产业中的数据中心、电商物流、保税物流、新型能源等。以上领域都将给建筑设计行业提供新的市场机遇。此外,高端策划、咨询服务、项目后评估、设计总包服务、全过程工程技术服务等还有较大市场需求。承接这些项目需要建筑设计企业具有更强的专业性、综合服务能力、整合社会资源的能力。

通过对我国工程勘察设计行业发展概况和我国建筑设计行业发展状况的归纳总结,透过我国建筑设计行业发展环境的变化,新常态下关注新视点的变化可以得出:未来,中国建筑设计行业发展将产生巨大变化。

如图 3-4 所示,我国城市化正处于中期加速发展阶段,在今后较长的一段时期内,城市化水平仍将保持较高的增长速度。在推进城市交通建设的同时,城市市政建设必将进入新一轮爆发期。城市道路、排水、桥梁等各种公共性设施和事业的建设会需要大量的建

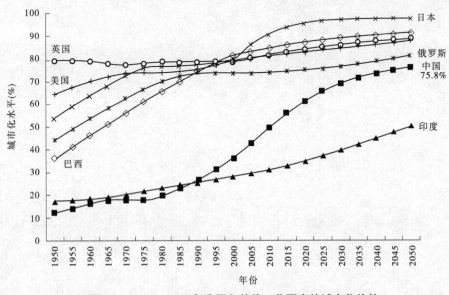

图 3-4　1950～2050 年我国和其他一些国家的城市化趋势

设人才。这势必会给我国建筑行业施工、设计、装修、管理等各领域创造更多的就业机会,这对广大建筑工人而言,是一次挑战,更是一次难得的机遇。

　　综合分析国家的宏观政策,未来建筑业的发展趋势将会是建筑规模发展趋缓,但是建筑的多样化、个性化需求会逐步增加,建筑的品质需求将会超越量的需求,成为行业关注的焦点。人类如今面临的环境危机和能源危机决定了未来建筑发展的方向。对生态建筑的认识、研究和实践才刚开始,但生态建筑是对人类与环境及其他生物和谐共存提出的要求,是未来建筑的发展方向。

第 4 章 土木工程建设与管理

4.1 建设工程的生命期与建设程序

4.1.1 工程生命期

4.1.1.1 工程生命期阶段划分

任何一个工程就像一个人一样,有它的生命期。工程生命期是指从工程构思开始到工程报废、拆除的全过程。在这个期限中工程经历由产生到消亡的全过程。不同类型和规模的工程生命期是不一样的,但它们都可以分为如下四个阶段:

(1)工程的前期策划和决策阶段。这个阶段从工程构思到批准立项为止。其工作内容包括工程的构思、目标设计、可行性研究和工程立项。

(2)工程的设计与计划阶段。这个阶段从批准立项到现场开工为止,其工作包括设计、计划、招标投标和各种施工前准备工作。

(3)工程的施工阶段。这个阶段从现场开工开始,各专业各部分工程按照设计完成,最终建成整个工程,并通过验收为止。这是工程技术系统的形成过程。

(4)工程的运营阶段。工程通过运营实现它的使用价值。最终工程结束,被拆除。

工程的生命期阶段划分如图 4-1 所示。

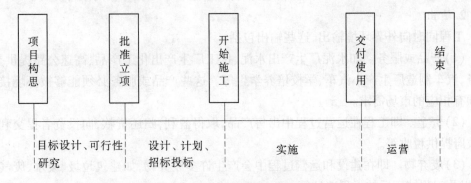

图 4-1 工程的生命期阶段划分

在上述工程的生命期中,每个阶段又有复杂的过程,形成工程建设和运营程序。任何工程在其生命期中都必须经历这个程序。

4.1.1.2 工程生命期系统模型

工程在一定的时间和空间上建设和运营,是一个开放的系统,它与环境之间存在着许多交换(见图 4-2)。

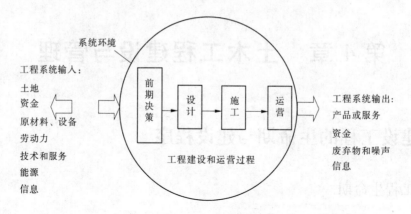

图 4-2　工程开放系统模型

1. 资源

工程在生命期过程中需要环境提供资源,这些资源包括:

(1)土地。任何工程都在一定的空间上建设和运营,都要占用一定的土地。

(2)资金。例如建设投资、运营过程中需要的周转资金等。

(3)原材料。如建筑所需的材料、构配件、工程建成后生产产品所需要的原材料。

(4)设备。如施工设备、生产设备等。

(5)劳动力。

(6)技术和服务。如施工技术、生产产品技术,建设过程中的技术鉴定和管理服务。

(7)能源。如电力、燃料等。

(8)信息。工程建设者和运营者从外界获得的各种信息、指令。

这些输入是工程建设和运营顺利进行的保证,是一个工程存在的条件。

2. 输出

工程同时向外界环境输出,这些输出包括:

(1)产品或服务。如水泥厂生产出水泥、化工厂生产出化工产品、高速公路提供交通服务、汽车制造厂生产小汽车、学校培养学生等。这些产品或服务必须能够被环境接受,必须有相应的市场需求。

(2)资金。即工程在运营过程中出售产品,取得盈利,归还贷款,向投资者提交利润,向政府提供税收等。

(3)废弃物。即在建设和运营过程中会产生许多废弃物,如建筑垃圾、废水、废气、噪声,以及工程结束后的工程遗址等。

(4)信息。在建设和运营过程中向外界发布的各种信息,提交的各种报告。

(5)其他。如输出新的工程技术、管理人员和管理系统等。

4.1.2　工程环境系统

工程环境是指对工程的建设、运营有影响的所有外部因素的总和,它们构成工程的边界条件。任何工程都是在一定的环境中生存的。工程环境包括以下几个方面。

4.1.2.1　政治环境

政治环境主要为工程所在地(国)政府和政局状况。

(1)政治局面的稳定性,如有无社会动乱、政权变更、种族矛盾和冲突,宗教、文化、社会集团利益的冲突。

(2)政府对本工程的态度、提供的服务、办事效率,政府官员的廉洁程度。

(3)与工程有关的政策,特别是对工程有制约的政策,或向工程倾斜有促进的政策。

4.1.2.2　经济环境

(1)社会的发展状况。该国、当地、该城市处于一个什么样的发展阶段和发展水平。

(2)国民经济计划的安排,国家的工业布局及经济结构,国家重点投资发展的工程、领域、地区等。

(3)国家的财政状况,赤字和通货膨胀情况。

(4)国家及社会建设的资金来源,银行的货币供应能力和政策。

(5)市场情况主要包括①市场对工程或工程产品的需求,市场容量、购买力、人们的市场行为,现有的和潜在的市场,市场的开发状况。②当地建筑市场情况,如竞争的激烈程度,当地建筑企业的专业配套情况、建材、结构件和设备生产、供应及价格等。③劳动力供应状况以及价格。④能源、交通、通信、生活设施的状况及价格。⑤城市建设水平。⑥物价指数,包括全社会的物价指数、部门产品和专门产品的物价指数。

4.1.2.3　法律环境

工程在一定的法律环境中实施和运行,适用工程所在地的法律,受它的制约和保护。

(1)法律的完备性。法制是否健全,执法的严肃性,投资者能否得到法律的有效保护等。

(2)与工程有关的各项法律和法规,如合同法、建筑法、劳动保护法、税法、环境保护法、外汇管制法等。

(3)国家的土地政策。

(4)对与本工程有关的税收、土地政策、货币政策等方面的优惠条件。

4.1.2.4　自然条件

(1)可以供工程使用的各种自然资源的蕴藏情况。

(2)自然地理状况:如地震设防烈度及工程建设和运营期地震的可能性;地形、地貌状况;地下水位、流速;地质情况,如土类、土层、容许承载力、地基的稳定性,可能的流砂、暗塘、古河道、溶洞、滑坡、泥石流等。

(3)气候情况:①年平均气温、最高气温、最低气温,高温、严寒持续时间;②主导风向及其风力、风荷载;③雨雪量及其持续时间,主要分布季节等。

4.1.2.5　工程周围基础设施、场地交通运输、通信状况

(1)场地周围的生活及配套设施,如粮油、副食品供应能力,文化娱乐、医疗卫生条件。

(2)现场及周围可供使用的临时设施。

(3)现场周围公用事业状况,如水和电的供应能力、条件及排水条件。

(4)现场以及通往现场的运输状况,如公路、铁路、水路、航空条件、承运能力和价格。

(5)各种通信条件、能力及价格。

(6)工程所需要的各种资源的可获得条件和限制。

4.1.2.6　工程相关者的组织状况

工程相关者,特别是工程的投资者、业主、承包商、工程所属的企业、工程所在地周边居民或组织等的如下情况:

(1)工程所属企业的组织体系、组织文化、结构、能力、企业的战略、对工程的要求、基本方针和政策。

(2)合资者的能力、基本状况、战略,对工程的要求、政策等。

(3)工程承包商、供应商的基本情况,技术能力、组织能力。

(4)工程产品的主要竞争对手的基本情况。

(5)周边组织(如居民、社团)对工程的需求、态度,对工程的支持或可能的障碍。

4.1.2.7　其他方面

1.社会人文方面

如工程所在地人的文化素质、价值取向、商业习惯、风俗和禁忌。

2.工程所需的劳动力和管理人员状况

如劳动力熟练程度、技术水平、工作效率、吃苦精神;劳动力的可培养、训练情况;当地教育、工程相关的技术教育和职业教育情况。

3.技术环境

技术环境即工程相关的技术标准、规范、技术发展水平、技术能力,解决工程建造和运行问题技术上的可能性。

环境对工程的整个建设和运营过程有重大影响。工程与环境之间存在着十分复杂的交互作用。主要体现在以下几个方面:

(1)工程产生于环境(主要为上层系统和市场)的需求,它决定着工程的存在价值。通常环境系统出现问题,或上层组织有新的战略,才能产生工程需求。而且工程的目标,如工程规模定位,产品的品种、产量、质量要求的确定必须符合环境(特别是市场)的要求。工程必须从上层系统、环境的角度来分析和解决问题。

(2)环境决定着工程的技术方案(如建筑平面布置、结构选型等)和实施方案(如施工设备选择、施工现场平面布置等)以及它们的优化,决定着工期和费用。工程的实施过程又是工程与环境之间互相作用的过程。工程的实施需要外部环境提供各种资源和条件,受外部环境条件的制约。如果工程没有充分地利用环境条件,或忽视环境的影响,必然会造成实施中的障碍和困难,增加实施费用,导致不经济的工程。

(3)环境是产生风险的根源。现代工程都处在一个迅速变化的环境中。在工程实施中,由于环境的不断变化,形成对工程的外部干扰(如恶劣的气候条件、物价上涨、地质条件变化等),这些干扰会造成工程不能按计划实施,造成工期的拖延、成本的增加,使工程实施偏离目标,造成目标的修改,甚至造成整个工程的失败。所以,风险管理的重点之一就是环境的不确定性和环境变化对工程的影响。

所以,环境对于工程及工程管理具有决定性的影响。为了充分利用环境条件,降低环境风险对工程的干扰,工程管理者必须进行全面的环境调查,必须大量占有环境资料,在工程全过程中注意研究和把握环境与工程的交互作用。

4.1.3　工程生命期各阶段主要工作

4.1.3.1　工程的前期策划和决策阶段

该阶段的主要工作内容包括工程构思的产生、工程机会的选择、确定工程建设要达到的预期总体目标、提出工程建设项目建议书、进行可行性研究、工程的评价和决策。

4.1.3.2　工程的设计和计划阶段

从工程的批准立项到现场开工是工程的设计和计划阶段,通常包括如下工作内容:工程建设管理组织的筹建、土地的获得、工程规划、工程勘察、工程设计、编制工程实施计划、工程招标和施工前的各种批准手续、现场准备。

4.1.3.3　工程的施工阶段

工程的施工阶段从现场开工到工程的竣工、验收交付为止。在这个阶段,工程的实体通过施工过程逐渐形成。工程施工单位、供应商、项目管理(咨询、监理)公司、设计单位按照合同规定完成各自的工程任务,并通力合作,按照实施计划将工程的设计经过施工过程一步步形成符合要求的工程。这个阶段是工程管理最为活跃的阶段,资源的投入量最大,工作的专业性强,管理的难度也最大、最复杂。

该阶段工作包括施工前准备工作、工程施工过程、竣工验收、工程的运营准备工作、施工阶段的其他工作。

4.1.3.4　工程的运营阶段

一个新的工程投入运营后直到它的设计寿命结束,最后被拆除,就像一个人一样,经过了成长、发育、成熟、衰退的过程。它的内在质量、功能和价值有一个变化过程。通常,在运营阶段,有如下工作内容:申请工程产权证;在运营过程中的维护管理;工程项目的后评价;对本工程的扩建、更新改造、资本的运作管理等;工程经过它的生命期过程,完成了它的使命,最终要被拆除。

工程生命期各阶段的详细工作内容,另在本章其他章节进行详细阐述。

4.1.4　工程相关者

工程的建设和运营需要各种投入,同时又有各种产出。在这个过程中会影响到社会的许多方面,需要许多方面的认可和支持。所以,工程的建设和运营过程与许多方面利害相关。

工程相关者(见图4-3)是与工程的建设和运营过程利害相关的人或组织,有可能通过工程获得利益,也可能受到损失或损害。工程是靠工程相关者推动和运作的。工程相关者的范围非常广泛,特别是公共工程,涉及社会各个方面。

通常,对工程过程有最大影响的相关者包括以下几个方面:

(1)工程产品的用户。即直接购买或使用工程最终产品的人或单位。工程的最终产品通常是指在投入运营后所提供的产品或服务。例如房地产开发项目的产品使用者是房屋的购买者或用户,城市地铁建设工程最终产品的使用者是地铁的乘客。

有时工程的用户就是工程的投资者。例如某企业投资新建一栋办公大楼,则该企业

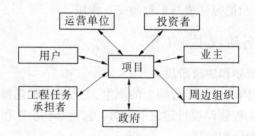

图 4-3　工程相关者

是投资者,该企业使用该办公大楼的科室是用户。

用户决定工程产品的市场需求,决定工程存在价值。如果工程产品不能被用户接受,或用户不满意、不购买,则工程没有达到它的目的,失去它的价值。

(2)投资者。工程的投资者通常可能包括工程所属企业、对工程直接投资的财团、提供工程贷款的或参与工程项目融资的金融单位(如银行),以及我国实行的建设项目投资责任制中的业主单位。对许多公共工程而言,政府是投资者。

在现代社会,工程的资本结构是多元化的,融资渠道和方式很多,如政府独资、企业独资、中外合资、BOT(建造—运营—转让)方式、PPP融资模式等。则工程投资者也是多元化的,可能有政府、企业、金融机构、私人、本国资本或外国资本等。例如:

①某城市地铁建设工程的投资者为该市政府。

②某企业独立投资新建一条生产流水线,则该工程的投资者就是该企业。

③某企业与一外商合资建一个新的工厂,则该企业和外商都是该建设工程的投资者。

④某发电厂工程是通过 BOT 融资的,参与 BOT 融资的有一个外资银行、一个国有企业和一个国外的设备供应商。他们都是该工程的投资者。

投资者为工程提供资金,承担投资风险,行使与所承担的风险相对应的管理权利,如参与对工程重大问题的决策,在工程的建设和运营过程中的宏观管理、对工程收益的分配权利等。所以,如果工程获得成功,投资者就能取得利益;如果工程失败,投资者就不能得到回报,就要受到损失。

(3)业主(建设单位)。"业主"一词主要体现在工程的建设过程中。实施一个工程项目,投资者或工程所属的企业、政府必须成立专门的组织或委派专门人员以业主的身份负责工程的管理工作,如我国的基建管理部门、建设单位等。

相对于工程的设计单位、承包商、供应商、项目管理单位(咨询、监理)而言,业主是以工程的所有者的身份出现的。

工程的投资者和业主的身份在有些工程中是一致的,但有时可能不一致。一般在小型工程中,业主和工程的投资者(或工程所属企业)的身份是一致的。但在大型工程中,他们的身份常常是不一致的,这体现出工程项目所有者和建设管理者的分离,更有利于工程的成功。

(4)工程任务的承担者,如承包商、供应商、勘察和设计单位、咨询单位(包括项目管理公司、监理单位)、技术服务单位等。他们通常接受业主的委托完成工程任务或工程管理任务。他们为工程建设投入管理人员、劳务人员、机械设备、材料、资金、技术,按照合同完成工程任务,并从业主处获得工程价款。

(5)工程所在地的政府,以及为工程提供服务的政府部门、基础设施的供应和服务单位。他们为工程做出各种审批(如立项审批、规划审批等)、提供服务(如发放项目需要的各种许可)、实施监督和管理(如对招标投标过程监督和对工程的质量监督)。政府代表社会各方面,从法律的角度保证工程的顺利实施,为工程提供服务,监督工程的实施,并保护各方面利益。

(6)工程的运营和维护单位。运营和维护单位是在工程建成后接受工程的运营和维护任务,它直接使用工程生产产品,或提供服务。例如对城市地铁建设工程,工程运营和维护单位是地铁运营公司和相关生产者(包括运营操作人员和管理人员);住宅小区的运营和维护单位是它的物业管理公司。

(7)工程所在地的周边组织。如工程所需土地上的原居民、工程所在地周边的社区组织和居民等。如被拆迁的人员,为工程贡献出祖居的房屋和土地,要搬迁到另外的地方生活。

(8)其他组织。如与工程相关的保险单位。

4.2 土木工程前期策划

4.2.1 前期策划工作的重要性

工程的前期策划阶段是指从工程的构思产生到批准立项为止。在该阶段要搞清楚:为什么要建设工程? 建什么样的工程(规模、产品)? 怎样建设(总体方案)? 工程建设的效益和效果将会怎么样(总投资、预期收益、回报率)? 工程建设有什么意义(对企业、对地区、对国家、对环境)?

现代医学和遗传学研究结果证明,一个人的寿命、健康状况在很大程度上是由他的遗传因素和孕育期状况决定的。而工程与人有生态方面的相似性。前期策划是工程的孕育阶段,决定了工程的"遗传因素"和"孕育状况"。它不仅对工程建设过程、将来的运营状况和使用寿命起着决定性作用,而且对工程的整个上层系统都有极其重要的影响。

工程过程的投资曲线和影响曲线见图 4-4。这说明,虽然工程的投资是随着工程的进展逐渐增加的,但前期决策和设计阶段投入很少,大量的投资使用在施工阶段。但对于工程生命期的影响曲线来说刚好相反:前期影响很大,即在前期决策阶段失误会对工程造成根本性影响,在设计阶段,设计费用常常不到全生命期费用的 1%,但设计工作决定了全生命期费用的 75%,而施工阶段影响就小多了。

下面以我国现代工程规模最大和最典型的长江三峡工程为例来说明决策过程。

三峡工程建筑由混凝土重力式大坝、水电站厂房和永久性通航建筑物三大部分组成。大坝坝顶总长 3 035 m,坝高 185 m。水电站发电机组共装机 26 台,总装机容量为 1 820 万 kW,年发电量 847 亿 kWh。通航建筑物位于左岸,永久通航建筑物为双线五个连续级船闸及一级垂直升船机(见图 4-5)。

长江三峡工程的建设是我国事关千秋万代国计民生的大事。它的立项经过十分复杂

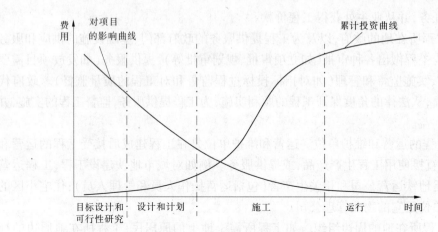

图 4-4　工程投资曲线和影响曲线

图 4-5　三峡工程

的过程。最早提出建设三峡工程构思的是 1919 年孙中山先生在《建国方略之二——实业计划》中对长江上游水路设想,"改良此上游一段,当以水闸堰其水,使舟得溯流以行,而又可资其水力。"

1932 年,国民政府建设委员会派出一支长江上游水力发电勘测队在三峡进行了为期约 2 个月的勘查和测量,编写了《扬子江上游水力发电测勘报告》,拟订了葛洲坝、黄陵庙两处低坝方案。这是我国专为开发三峡水力资源进行的第一次勘测和设计工作。

1944 年,在当时的中国战时生产局内任专家的美国人潘绥写了一份《利用美贷款筹建中国水力发电厂与清偿贷款方法》的报告。同年,美国垦务局设计总工程师萨凡奇到三峡实地勘查后,提出了《扬子江三峡计划初步报告》。

1945 年,国民政府资源委员会成立了三峡水力发电计划技术研究委员会、全国水力发电工程总处及三峡勘测处。1946 年,国民政府资源委员会与美国垦务局正式签订合约,由该局代为进行三峡大坝的设计;中国派遣技术人员前往美国参加设计工作,并初步进行了坝址及库区测量、地质调查与钻探、经济调查、规划及设计等工作。

1947 年 5 月,由于战争中止了三峡水力发电工程计划,美国撤回了中国的全部技术人员。

1950 年初,国务院长江水利委员会正式在武汉成立。1953 年,毛泽东主席在听取长江干流及主要支流修建水库规划的介绍时,希望在三峡修建水库,以"毕其功于一役"。

1955年起,我国全面开展长江流域规划和三峡工程勘察、科研、设计与论证工作,并与当时的苏联政府签订了技术援助合同,由苏联专家帮助工作。

1958年3月,中共中央成都会议上通过了《中共中央关于三峡水利枢纽和长江流域规划的意见》,提出:从国家长远的经济发展和技术条件两个方面考虑,三峡水利枢纽是需要修建而且可能修建的。同年6月,长江三峡水利枢纽第一次科研会议在武汉召开,会后向中央报送了《关于三峡水利枢纽科学技术研究会议的报告》。同年8月,周恩来总理主持了北戴河的长江三峡会议,要求1958年年底完成三峡工程初步设计要点报告。

1960年4月,水电部组织了水电系统的苏联专家及国内有关单位的专家在三峡勘查,研究选择坝址。同月,中共中央中南局在广州召开经济协作会,讨论了在"二五"期间投资4亿元,准备在1961年三峡工程开工建设。后来由于国家经济困难和国际形势的影响,三峡建设计划暂停。同年8月,苏联政府撤回了有关专家。

1970年,中共中央决定先建作为三峡总体工程一部分的葛洲坝工程,一方面解决华中用电供应问题,另一方面为三峡工程做准备。葛洲坝工程于1970年12月30日开工;1981年1月4日,葛洲坝工程大江截流胜利合龙;1981年12月,葛洲坝水利枢纽二江电站一二号机组通过国家验收正式投产;1989年年底葛洲坝工程全面竣工,通过国家验收。

1979年,水利部向国务院报告关于建设三峡水利枢纽工程的建议书。

1984年4月,国务院原则批准由长江流域规划办公室组织编制的《三峡水利枢纽可行性研究报告》,初步确定三峡工程实施蓄水位为150 m的低坝方案。

1986年6月,中共中央和国务院决定进一步扩大论证,责成水利部重新提出三峡工程可行性报告,三峡工程论证领导小组成立了14个专家组,进行了长达2年8个月的论证。

1989年,长江流域规划办公室重新编制了《长江三峡水利枢纽可行性研究报告》,认为建比不建好,早建比晚建有利。

1990年7月,国务院三峡工程审查委员会成立;1991年8月,委员会通过了可行性研究报告,报请国务院审批,并提请第七届全国人大审议。

1992年4月3日,第七届全国人大第五次会议以1 767票赞成、177票反对、664票弃权、25人未按表决器通过《关于兴建长江三峡工程的决议》,决定将兴建三峡工程列入国民经济和社会发展十年规划中。

1993年1月,国务院三峡工程建设委员会成立,李鹏总理兼任建设委员会主任。委员会下设三个机构:办公室、移民开发局和中国长江三峡工程开发总公司。

1993年7月26日,国务院三峡工程建设委员会第二次会议审查批准了长江三峡水利枢纽工程初步设计报告,标志着三峡工程建设进入正式施工准备阶段。

1994年12月14日国务院总理李鹏宣布:三峡工程正式开工。

从对三峡工程的决策过程的描述可见,大型工程的前期决策是非常复杂的,所以应该重视工程前期决策过程。

4.2.2　工程前期策划过程和主要工作

4.2.2.1　工程构思的产生

工程构思的产生是十分重要的。任何工程构思都起源于对工程的需求。它在初期可能仅仅是一个"点子",但却是一个工程的萌芽。例如三峡工程的构思是在 1919 年由孙中山先生《建国方略之二——实业计划》中提出的。

工程构思是对工程机会的思考。它的产生需要有敏锐的感觉,要有艺术性、远见和洞察力。它常常出于工程的上层系统(即国家、地区、城市、企业)的现存的需求、战略、问题和可能性上。不同的工程,其构思的起因不同,可能有:

(1)通过市场研究发现新的投资机会、有利的投资地点和投资领域。例如:

①通过市场调查发现某种产品有很大的市场容量或潜在市场,开辟这个市场,则要建设生产这种产品的工厂或设施。

②企业要发展,要扩大销售,扩大市场占有份额,必须扩大生产能力。

③企业要扩大经营范围,增强抗风险能力,搞多种经营、灵活经营,向其他领域、地域投资,建设新的工程。

④出现了一种新的技术、新的工艺、新的专利产品,可以建设这种产品的生产流水线(装置)。

⑤市场出现新的需求,顾客有新的要求。

⑥当地某种资源丰富,可以开发和利用这些资源。

这些对工程和工程所提供的最终产品或服务的市场需求,都是新的工程机会。工程应以市场为导向,应有市场的可能性和可行性。

(2)上层系统(国家、地区、城市、企业)运行存在问题或困难。这些问题和困难都可以用工程解决,产生对工程的需求。可能是新建工程,也可能是扩建工程或更新改造。例如:

①城市道路交通拥挤不堪,必须通过道路的新建和扩建解决。

②住房特别紧张,必须通过新建房地产项目解决问题。

③环境污染严重,必须通过新建污水处理厂或建设环境保护设施解决。

④能源紧张,由于能源供应不足经常造成工农业生产停止,居民生活受到影响,则可以通过建设水电站、核电站等解决。

⑤市场上某些物品供应紧张,可以通过建新工厂或扩大生产能力解决。

⑥企业产品陈旧,销售市场萎缩,技术落后,生产成本增加,或企业生产过程中资源和能源消耗过大,产品的竞争力下降,可以通过对生产工艺和设备的更新改造解决。

(3)为了实现上层系统(国家、地区、城市、企业)的发展战略。例如为了解决国家、地方的社会和经济发展问题,使经济腾飞,常常都是通过工程实施的,则必然有许多工程需求。所以,一个国家或地方的发展战略,或发展计划,常常包容许多新的工程。对国民经济计划、产业结构和布局、产业政策、社会经济增长状况的分析可以预测工程机会。

国家统计局的数据显示,2003 年我国的城市化率比 10 年前提升 12.5 个百分点,已由 1993 年的 28% 提高到 2003 年的 40.5%。目前世界城市化率平均为 50%。未来 50

年,我国的城市化率将提升到75%以上。城市化率大幅度提升将会促进国内房地产开发项目、城市基础设施工程建设、服务业相关工程等的大幅度发展。

此外,我国城市的交通发展战略、能源发展战略、区域发展战略等,都包含大量的工程建设需求,或者它们都必须通过工程建设实现。

一个国家、一个地方、一个产业如果正处于发展时期、上升时期,有很好的发展前景,则它必然包容或将有许多工程机会。

4.2.2.2 工程机会的选择

工程的构思仅仅是一个工程的机会。在一个具体的社会环境中,一方面我们所遇到的问题和需要很多,这种工程构思可能是多种多样的;另一方面人们可以通过许多途径和方法(即工程或非工程手段)解决问题,达到目的。同时,由于社会资源有限,人们解决问题的能力有限,并不是所有的工程构思都是值得或者能够实施(投资)的。对于那些明显不现实或没有实用价值的工程构思必须淘汰,在它们中间选择少数几个有价值和可能性的工程构思,进行更深入的研究。构思选择通常考虑的因素有以下几点:

(1)通过工程能够最有效地解决上层系统的问题,满足市场的需要。对于提供产品或服务的工程,应着眼于有良好的市场需求前景,将来有良好的市场占有份额和投资回报。

(2)使工程符合上层系统(国家、地区、城市、企业)的战略,以工程对战略的贡献作为选择尺度,例如通过工程促进竞争优势的增长,有助于长期目标的实现,提高产品的市场份额,或增加利润规模等。应全面评价工程对这些战略的贡献。

例如,三峡工程的建设立项主要是从我国国民经济中长期发展战略角度出发的。

(3)必须考虑到自己有进行工程建设的能力,特别是经济(财务)和技术能力,现有资源和优势能得到最充分的利用。

对大型的、特大型的、自己无法独立进行的工程,常常通过合作(如合资、合伙、项目融资等)进行的,则要考虑潜在合作者各方面优势在工程上的优化组合,以达到各方面都有利的结果。

(4)具有环境的可行性,例如工程不违反法律,对生态环境影响和社会影响较小。工程是在政府允许或鼓励的范围内的,自然条件比较适宜工程的实施和运营等。

(5)选择工程建设和运营成功的可能性最大和风险最小,成就(如收益)期望值大。

上述介绍的三峡工程从构思到建设的过程,历经70多年,人们一直在考虑上述问题。

4.2.2.3 确定工程建设要达到的预期总体目标

工程总目标是工程实施和运营所要达到的结果状态,它是工程总体方案策划、可行性研究、设计和计划、施工、运营管理的依据。

工程总目标通常用一些指标表示,如工程的功能定位、工程规模、实施时间、总投资、投资回报、社会效益等。

4.2.2.4 提出工程建设项目建议书

建议书是对工程构思情况和问题、环境条件、工程总体目标、工程范围界限和总体实施方案的说明和细化,同时提出需要进一步研究的各个细节和指标,作为后继的可行性研究、技术设计和计划的依据。它已将项目目标转变成具体的实在的项目任务。

　　工程总实施方案可能包括功能定位和各部分的功能分解,总的产品方案,工程总体的建设方案,工程总布局,工程建设总的阶段的划分,总的融资方案,设计、实施、运营方面的总体方案等。

　　对于一些大的公共工程,工程项目建议书必须经过主管部门初步审查批准,通常要提出工程选址申请书,由土地管理部门对建设用地的有关事项进行审查,提出意见;城市规划部门提出选址意见;环境保护部门对工程的环境影响进行审查,并发出许可证。

4.2.2.5　可行性研究

　　可行性研究即对工程实施方案进行全面的技术经济论证,看能否实现工程总目标。现代工程的可行性研究通常包括如下内容。

　　1.产品的市场研究,市场的定位和销售预测

　　主要预计工程建成后,什么样品种和规格的产品能够被市场接受,工程产品或服务有多大的市场容量,产品或服务的市场价格在什么样的水平上等。市场研究是工程可行性研究的关键,它对确定产品方案、生产规模,进而确定工程建设规模有决定性影响。

　　2.按照生产规模分析工程建成后的运营要求

　　可行性研究包括工程产品的生产计划,资源、原材料、燃料及公用设施计划,企业组织、劳动定员和人员培训计划。

　　3.按照生产规模和运营情况确定工程的建设规模和计划

　　可行性研究包括:

　　(1)建厂条件和厂址选择。

　　(2)工程的生产工艺、主要设备选型、建设标准和相应的技术经济指标。

　　(3)工程的建设计划,主要单项工程、公用辅助设施、配套工程构成,布置方案和土建工程量估算。

　　(4)环境保护、城市规划、防震、防洪、防空、文物保护等要求和相应措施方案。

　　(5)建设工期和实施进度安排。

　　4.投资估算和资金筹措

　　将建设期投入、运营期生产费用、市场销售收入等汇总确定工程生命期过程中的资金支出和收入情况,绘制现金流曲线,得到工程生命期过程中的资金需要量,并安排资金来源。

　　5.效益分析

　　其包括工程经济效益、环境效益和社会效益分析。

4.2.2.6　工程的评价和决策

　　在可行性研究的基础上,对工程进行全面评价,包括技术方面的评价、经济评价、财务评价、国民经济评价、社会影响评价和环境影响评价。根据可行性研究和评价的结果,由上层组织对工程的立项做出最后决策。

　　在我国,可行性研究报告连同环境影响评价报告、项目选址建议书,经过批准,工程就正式立项。经批准的可行性研究报告就作为工程建设的任务书,作为工程初步设计的依据。

　　现在由于大型工程的影响很大,工程的评价和决策常常需要在全社会进行广泛地

讨论。

4.3　土木工程勘察设计与计划

从工程的批准立项到现场开工是工程的设计与计划阶段,这一阶段的工作内容主要包括筹建工程建设管理组织,进行工程规划、勘察、设计,编制工程实施计划,履行工程招标和施工前的各种批准手续,进行工程施工现场准备工作等。

4.3.1　工程建设管理组织的筹建

按照我国工程建设程序的规定,在可行性研究报告批准后,工程即立项,就应正式组建工程建设的管理组织,也就是通常意义上的业主(又称为建设单位),由他负责工程的建设管理工作。尽管有些大型工程在可行性研究阶段就有管理工作班子,但由于那时工程尚未立项,经过可行性研究还可能发现该工程是不可行的,所以那时的工作管理班子还不能算通常意义上的工程建设管理组织或业主。

4.3.2　土地的获得

工程都是在一定的土地上建设的。工程建设项目一经被批准,相应的选址也就已经获得了批准。但在工程建设前必须获得在工程所在土地上建设工程的法律权力——土地使用权。

4.3.2.1　土地的定义

一般来说,土地是地球上的特定部分。通常人们将土地称为不动产。不动产中所说土地是指地表及其上下一定范围内的一定权利。工程一经建成,即与土地成为一体。

4.3.2.2　我国的土地所有制

我国宪法明确规定,我国的土地所有制是社会主义公有制。土地所有权分为以下两种:

(1)全民所有,即国家所有。我国法律规定,所有城市市区土地全部属于国家所有。农村中的国有土地包括除法律规定集体所有的森林、山岭、草原、荒地、滩涂外的全部矿藏、水流、森林、山岭、草原、荒地、滩涂,名胜古迹、自然保护区,国有农、林、牧、渔场用地,国家拨给国家机关、部队、学校企事业单位使用的土地等。

(2)劳动群众集体所有。对农村和城市郊区的土地,除由法律规定属于国家所有的以外,属于农民集体所有;宅基地和自留地、自留山,属于农民集体所有。由各个集体经济组织(如村委会)代表该组织内的全体劳动人民享有土地的使用、收益和处分的权力。

4.3.2.3　土地的获得方式和获得过程

这涉及我国土地使用制度。工程使用的土地通常可以通过如下方式获得。

1.通过土地划拨获得土地使用权

土地使用权划拨,是指经政府土地主管部门依法批准,在土地使用者缴纳土地补偿、安置或拆迁补偿等费用后,取得的国有土地使用权。通常划拨土地所指的无偿,是指不需缴纳土地出让金。

以划拨方式取得的土地使用权,除法律、法规另有规定外,没有使用年限的限制。

通常,军事工程,政府办公设施工程,国家重点扶持的能源、交通、水利等基础设施用地,市政配套工程,公共事业工程等通过土地划拨获得土地使用权。

2. 通过土地使用权的出让获得

除在法律规定的范围内划拨国有土地使用权外,我国实行国有土地有偿使用制度。

工程所有者直接通过与政府签订土地出让合同,向政府缴纳土地使用权出让金,获得在一定年限内对该土地的使用权。其使用权在使用年限内可以依法转让、出租、抵押或者用于其他经济活动,其合法权益受国家法律保护。

我国法律规定,土地使用权出让有最高年限(见表4-1)。土地使用期满,使用者可以申请续期,重新签订土地使用权出让合同,支付土地使用出让金。

表4-1　我国法律规定的土地出让年限

土地用途	出让年限
居住	70 年
工业	50 年
教育、科技、文化、卫生、体育	50 年
商业、旅游、娱乐	40 年
综合或其他	50 年

我国土地管理法规定,土地使用权出让通常采取拍卖、招标、挂牌和协议出让的方式。各种出让方式有不同的程序,最后政府都要与土地使用权受让人签订土地使用权出让合同,土地使用权受让人按合同约定支付土地价款,并办理土地登记的有关手续。

(1)由于国家对土地利用有总体规划,规定土地用途,各城市还有城市总体规划。使用土地的单位和个人必须严格按照规划确定的用途使用土地。

在一宗土地的使用权出让时,通常应配有相应的规划要点,以约束该土地的用途,不可以随意建设工程。出让合同中要明确规定出让地块的用地面积、位置、用途、出让年限和其他土地出让的约束条件,如规划用地的性质(居住、工业、教育、科技、文化、卫生、体育、商业、旅游、娱乐,以及综合性用地)、建筑密度、建筑容积率、建筑限高、绿化率、建筑间距、竣工时间、建设进度等。

(2)在签订土地出让合同后,受让方应按照土地出让合同规定缴纳土地出让金和其他费用后,办理土地使用权证,方可使用土地。

如果要改变土地权属和用途,应当办理土地变更登记手续。

3. 通过土地使用权转让获得

通过土地使用权转让获得是指已经获得土地使用权人再将土地使用权通过出售、交换、赠予方式转移给工程所有者,以建设工程。土地使用权转让要签订转让合同。

通过转让获得土地使用权的使用期限,是指从转让合同生效起到原出让合同规定的土地使用年限为止。

土地转让同样有一定的程序:需要提出申请,经过土地部门审查,并缴纳相关税费,进行土地登记,更换土地使用权证书。

4.通过土地使用权租赁获得

通过土地使用权租赁获得即工程所有者向土地使用权人租赁土地(连同土地上的建筑物),并支付相应的租金。他们签订土地租赁合同。该合同不能违背国家法律、法规和土地使用权出让合同规定的该土地的用途。租赁期限不能超过法律、法规规定的原出让合同规定的土地使用年限。

4.3.3　工程规划

4.3.3.1　工程规划的概念

工程规划是在总目标和工程总方案基础上确定工程的空间范围,并对工程的系统范围、工程的功能区结构和它们的空间布置进行描述,确定各个单体建筑的位置。它是对设计任务书提出的总体功能要求的细化。工程规划最终结果主要是规划图和功能分析表。

规划图描述工程的空间位置和范围(用红线描述工程界限),并将工程的主要功能面在平面或空间上布置(如图 4-6 所示为某学校功能区总体布置图)。

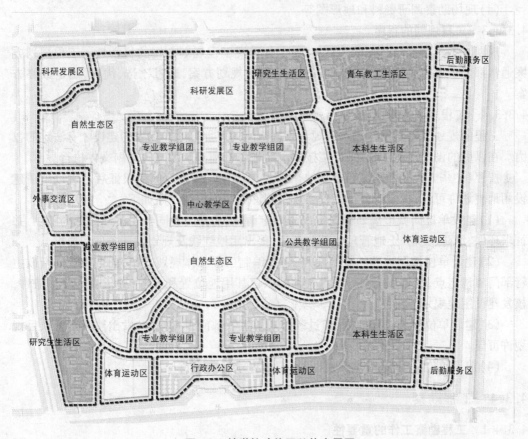

图 4-6　某学校功能区总体布置图

功能分析表是按照工程的目标和最终用户需求构造工程的主要功能和辅助功能,以及它们的子功能(空间面积分配)。

工程建成后应该满足运营维护和使用的要求,所以工程规划应该从工程使用者角度出发。

4.3.3.2　工程规划的依据

工程规划的依据主要包括以下几点:

(1)《中华人民共和国城市规划法》。相关工程规划面积指标的国家标准,如普通高等学校建筑规划面积指标、科研建筑规划面积指标、新建工矿企业项目住宅及配套设施建筑面积指标、通信工程项目建设用地指标、轻工业工程项目建设用地指标、纺织工业工程项目建设用地指标、机械工业工程项目建设用地指标、核工业工程项目建设用地指标、电力工程项目建设用地指标、建材工业工程项目建设用地指标、电子工程项目建设用地指标、林产工业工程项目建设用地指标、新建铁路工程项目建设用地指标、公路建设项目建设用地指标等。

(2)《城市规划编制办法》《城市居住区规划设计规范》《现行建筑设计规范大全》,区域、城市或地区总体规划。

(3)批准的可行性研究报告,或项目任务书、项目立项文件。

(4)现场勘察调研资料和地形图等。

4.3.3.3　工程规划的程序

规划对工程全生命期有重大影响,要十分重视工程规划方案的科学性。工程规划方案通常都要请多家设计单位参与竞争,各家提出规划方案,通过比选、优化,确定最终方案。

4.3.3.4　工程规划的审批

工程的规划文件必须经过政府规划管理部门的审批。这样工程的建设才有法定的权力。在以后的设计、施工中必须严格按照政府规划管理部门批准的规划文件执行。

按照《中华人民共和国城市规划法》,建设单位在取得土地使用权证后才可以申请建设用地规划许可证,再申请建设工程项目规划许可证。申请程序如下:

(1)建设单位向城市规划部门提出用地申请;规划部门会同各相关部门现场踏勘,并征求环保、消防、文物、土地管理等部门意见;提出用地红线及规划设计条件和要求。

(2)建设单位按照批准的规划要点,组织编制工程总体规划方案,向城市规划行政主管部门申请定点,由城市规划行政主管部门核定其用地位置和界限,提供规划设计条件,核发建设用地规划许可证。

(3)建设单位编制工程规划,经过政府规划主管部门审查批准,发出建设工程项目规划许可证。

(4)建设单位向工程建设管理部门提出工程建设申请。

4.3.4　工程勘察

4.3.4.1　工程勘察工作的重要性

工程勘察是指采用专业技术方法对工程所在地的工程地质情况、水文地质情况进行调查,对工程场地进行测量。

工程勘察工作是设计和施工的基础。通过工程地质和水文地质的勘察能够了解工程地质情况,及早发现不良工程地质问题,使工程基础和上部构造的设计科学合理,有助于编制科学合理的施工方案。工程的质量、工期、费用(投资)、使用效果与寿命等与工程勘察的准确性有直接的关系。许多工程,由于工程勘察不准确,导致施工过程中塌方,工程设计方案和施工方案变更,建成后建筑物开裂,甚至倒塌,工程不能正常使用等。

4.3.4.2　工程勘察的内容

工程勘察分初勘和详勘。工程勘察的成果是工程勘察报告。其内容主要包括以下几点:

(1)工程概况、任务要求、勘察阶段及勘察工作概况。

(2)场地位置、地形地貌、地质构造、不良地质现象、地层成层条件、岩土的物理力学性质等数据。

(3)场地的稳定性和适宜性、岩土的均匀性和标准承载力,地下水的影响,土的最大冻结深度,地震基本烈度以及由工程建设可能引起的工程地质问题等,有针对性地提出适宜的基础形式和有关的计算参数及施工中应注意的事项。

(4)勘察工作图表成果,如勘探点平面布置图、综合工程地质图或工程地质分区图、工程地质剖面图、地质柱状图或综合地质柱状图、有关测试图表等。

4.3.5　工程设计

设计是按照工程规划对工程的功能区(单体建筑)和专业要素进行详细的定义和说明。最后通过设计文件,如规范、图纸、模型,对拟建工程的各个专业要素进行详细描述。

设计是由设计单位的专业人员完成的。工程设计按照建筑物和专业主要分为以下几类:

(1)专业设计(工程选型、产品结构、工艺流程、设备选型)。

(2)建筑设计。

(3)结构设计(地基基础、主体结构)。

(4)配套专业设计(水、电、通风、装饰……)。

(5)配套设施(如附属工程)设计。

(6)专项设计,如消防、人防、交通等。这些设计文件必须经过专业部门的审批。

按照工程规模和复杂程度的不同,工程的设计工作阶段划分会有所不同。对一般的工程,设计分为两个阶段:初步设计和施工图设计。对技术上比较复杂的工业工程,增加技术设计过程,分为三个阶段设计。工程设计的过程和内容见图4-7。

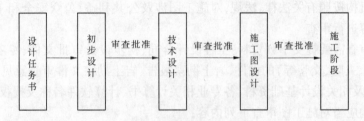

图4-7　工程设计过程

4.3.5.1　初步设计

(1)初步设计最终提交文件包括设计说明书、初步设计图纸、概算书等。有时人们还常用"扩大初步设计"一词,其内容与初步设计类似,只是比初步设计更深入和具体。

（2）初步设计必须严格按设计任务书（或可行性研究报告）批准文件执行，不得改变产品方案、建设规模和工程方案。如果因外界条件变化，需要做必要的调整，需经原设计任务书（可行性研究报告）批准部门同意，并在初步设计批文中重新明确。初步设计概算必须严格控制，超过设计任务书（可行性研究报告）规定的投资过多时，必须报告原批准单位并说明原因。

（3）初步设计审查。对一般的工程，初步设计必须经过审查才能进行进一步的设计。审查需要提供的资料有项目立项计划、环境评价报告、规划总平面图、规划用地许可证、工程地质勘察资料、初步设计图纸（包括建筑、结构、水电）、初步设计说明文件、概算书、配套设施文件等。

不同的工程领域，审查会有不同的要求。如我国化工部有《化工建设项目初步设计审查管理办法》，要求报审的初步设计文件必须满足国家有关规定和化工部关于"化工工厂初步设计内容深度的规定"和"化工设计概算编制办法"等规定的要求，并附有批准的可行性研究报告、环境影响评价等批准文件以及全部建厂条件的协议和复印件。

4.3.5.2　技术设计

技术设计是在工业工程中需要的，又叫工艺设计。对于不同的工程而言，技术设计具有不同内容。

水利水电工程有技术设计大纲范围，包括水电站厂房圆筒式机墩技术设计大纲范本、坝后式厂房设计大纲范本、宽缝重力坝设计大纲等。国务院三峡工程初步设计审查委员会在批准初步设计的同时，决定责成设计部门编制 8 个单项技术设计，包括 4 座主要建筑物（大坝、厂房、永久船闸和升船机）、机电、二期围堰、建筑物的监测和泥沙专题。

4.3.5.3　施工图设计

施工图是指按照工程要素（如结构、电、给水排水、装饰等工程）对工程进行详细说明的文件。在我国，施工图是直接提交施工招标的文件，是施工单位进行投标报价、制订工程施工方案和安排施工的技术文件。

（1）施工图设计文件包括所有的工程专业的设计图纸（含图纸目录、说明和必要的设备、材料表）和工程预算书。施工图设计文件深度根据不同的工程有不同的要求。

（2）我国《房屋建筑和市政基础设施工程施工图设计文件审查管理办法》对施工图设计审查有专门的规定——国家实施施工图设计文件审查制度，即由建设主管部门认定的施工图审查机构按照有关法律、法规，对施工图涉及公共利益、公众安全和工程建设强制性标准的内容进行审查。

施工图审查需要提交下列资料：工程设计合同、初步设计审批文件、专项设计审查主管部门（消防、人防、交管等）的批件、岩土勘察报告、岩土勘察文件审查意见书、施工图设计文件、总图及相关设计基础资料、各专业相关计算书、计算软件名称及授权书。

审查机构应当对施工图审查下列内容：

（1）是否符合工程建设强制性标准。

（2）地基基础和主体结构的安全性。

（3）勘察设计企业和注册执业人员以及相关人员是否按规定在施工图上加盖相应的图章和签字。

（4）其他法律、法规、规章规定必须审查的内容。

施工图审查退回建设单位后,建设单位应当要求原设计单位进行修改,并将修改后的施工图报原审查机构审查。

4.3.5.4　设计方案优化

由于设计对工程生命期过程的重要作用,而且设计涉及相关的各个专业,所以设计方案的优劣对工程有很大的影响,必须进行多方案的技术经济分析,以选择优化的工程方案。

例如,北京奥运会场馆建设工程,按照奥运行动规划的总体要求,在满足国际奥委会和国际单项体育组织确定的技术质量标准的条件下,基于"节俭办奥运"的方针,对北京几个奥运场馆的设计方案进行了优化调整,减少新建奥运场馆,增加改建、扩建和临建场馆。特别针对国家体育馆、国家游泳中心等场馆的钢结构、膜结构、可开启屋顶、室内环境等进行设计优化,节约了大量的建设资金。

4.3.6　编制工程实施计划

（1）按照批准的工程项目任务书提出的工程建设目标、规划和设计文件编制工程的总体实施规划（大纲）。总体实施规划（大纲）是对工程建设和运营的实施策略、实施方法、实施过程、费用（投资预算、资金）、时间（进度）、采购和供应、组织、管理过程做全面的计划和安排,以保证工程建设目标的实现。

（2）随着设计的逐步深化和细化,按照总体实施规划（大纲）,还要编制工程详细的实施计划。详细的实施计划要对工程的实施过程、技术、组织、费用、采购、工期、管理工作等分别做出具体的、详细的安排。

随着设计的不断深入,实施计划也在同步地细化,即每一步设计都应有相应的计划。如对工程费用（投资）,初步设计后应做工程总概算,技术设计后应做修正总概算,施工图设计后应做施工图预算（见图4-8）。同样,实施方案、进度计划、组织结构也在不断细化。

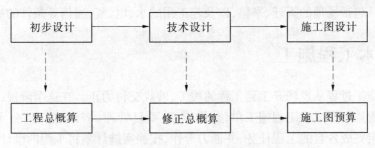

图 4-8　设计过程与过程费用计划的对应

4.3.7　工程招标和施工前的各种批准手续

（1）工程报建。建设单位必须向建设行政主管部门做工程报建手续,需要提交工程立项批准文件、建设工程规划许可证、银行出具的资信证明或财政局出具的项目出资意见、工程拆迁手续证明、建设工程施工图审查合格书等。

（2）向工程招标管理部门办理工程招标核准和备案手续。

（3）工程招标。即通过招标委托工程范围内的设计、施工、供应、项目管理（咨询、监理)等任务,选择这些任务的承担者。对这些工程任务的承担者来说,就是通过投标承接工程项目的任务。

根据招标对象的不同,有些招标工作会在立项后就进行,如对勘察、规划设计的招标;而有些招标工作要延伸到工程的施工过程中,如有些装饰工程、部分材料和设备的采购等。

(4)工程质量监督注册。根据《建设工程质量管理条例》,建设单位在领取施工许可证或者开工报告前,应当按照国家有关规定办理工程质量监督手续。通常监督单位要审查建设工程规划许可证,勘察、设计、施工、监理单位资质等级证书及中标通知书,施工图设计文件审查报告书或批准书等文件。

(5)工程安全备案。根据《建设工程安全生产管理条例》,依法批准开工报告的建设工程,建设单位应当自开工报告批准之日起 15 日内,将保证安全施工的措施报送建设工程所在地的县级以上地方人民政府建设行政主管部门或者其他有关部门备案。

(6)拆迁许可证。对需要进行房屋拆迁的工程,在工程开工前,建设单位必须向房屋所在地的市、县人民政府房屋拆迁管理部门申请拆迁许可证,要提交建设项目批准文件、建设用地规划许可证、国有土地使用权批准文件、拆迁计划和拆迁方案;办理存款业务的金融机构出具的拆迁补偿安置资金证明等。这样才有权对现场原有建筑物进行拆迁。

(7)申请施工许可证。根据《建筑工程施工许可管理办法》,在工程开工前,建设单位必须向工程所在地的县级以上人民政府建设行政主管部门申请施工许可证。按照国务院规定的权限和程序批准开工报告的建筑工程,不再领取施工许可证。通常要提交建设工程规划许可证、国有土地使用证、招标投标中标通知书、工程承包合同、设计图纸、监理合同、工程质量监督通知书等。

4.3.8 现场准备

现场准备包括场地的拆迁、平整,以及施工用的水、电、气、通信等条件的准备工作。

4.4 土木工程施工

工程的施工过程从现场开工到工程的竣工、验收交付为止。在这个阶段,工程的实体通过施工过程逐渐形成。工程施工单位、供应商、项目管理(咨询、监理)公司、设计单位按照合同规定完成各自的工程任务,并通力合作,按照实施计划将工程的设计经过施工过程一步步形成符合要求的工程。这个阶段是工程管理最为活跃的阶段,资源的投入量最大,工作的专业性强,管理的难度也最大、最复杂。

如策划阶段提到的三峡工程分三期建设,总工期 18 年。

一期工程 5 年(1992~1997 年),主要工程除施工准备工作外,主要进行一期围堰填筑,导流明渠开挖。修筑混凝土纵向围堰,修建左岸临时船闸(120 m 高),并开始修建左岸永久船闸、升爬机及进行左岸部分石坝段的施工,以实现大江截流为标志。

二期工程 6 年(1998~2003 年),工程主要任务是修筑二期围堰,左岸大坝的电站设施建设及机组安装,同时继续进行并完成永久特级船闸、升船机的施工。以实现水库初期蓄水、第一批机组发电和永久船闸通航为标志。

三期工程6年(2003~2009年),本期进行右岸大坝和电站的施工,并继续完成全部机组安装。

工程竣工以实现全部机组发电和枢纽工程全部完建为标志。

三峡工程投资巨大,静态投资(按1993年5月末不变价)为900.9亿元人民币,其中枢纽工程500.9亿元、库区移民工程400亿元;动态投资(考虑物价、利息变动等因素)为2 039亿元。项目建成后实现以下功能:

(1)防洪。荆江防洪问题,是长江中下游防洪中最严竣和最突出的问题。三峡水库正常蓄水位175 m,防洪库容221.5亿 m^3。三峡水利枢纽是长江中下游防洪体系中的关键性骨干工程,可有效地控制长江上游洪水,使荆江河段防洪标准由约10年一遇提高到100年一遇。

(2)发电。与火电相比,水电不仅清洁,发电量大,而且不存在资源枯竭的问题。三峡水电站总装机容量为1 820万 kW,年均发电量为846.8亿 kW·h,为世界最大的电厂,可解决我国全年1/3的需电量。

(3)航运。三峡水库显著改善宜昌至重庆660 km的长江航道,万吨级船队可直达重庆港。航道单向年通过能力由约1 000万 t提高到5 000万 t,运输成本可降低35%~37%。

4.4.1 施工前准备工作

4.4.1.1 现场平整和临时设施的搭设

1.现场平整

在现场原建筑物拆除后,还要进行一些清理和现场平整工作,使施工现场具有可施工条件。

2.工程现场临时设施的搭设

现场临时设施是为施工过程服务的。对大型工程,由于建设期长,施工现场工作人员多,需要安排大量的临时设施。这些临时设施本身就包含许多工程项目。

(1)场地规划。需要安排临时道路、围墙和出入口及大门、工地的绿化等。

(2)办公生活区域。需要搭设会议室、保安及门卫用房、工人宿舍、临时办公用房、厨房及食堂、卫生间及淋浴、急救室、临时化粪池、小车停车场和自行车棚、锅炉及备用发电机房、施工出入口的冲洗设施等。

(3)施工区域。需要搭设试验用房、工具房、仓库、混凝土搅拌站/机用棚、木工加工场、沙石堆场、现场给水排水的临时布置、钢筋堆场和钢筋加工场、工地机械修理房、机电加工场和机电仓库等。

(4)其他布置。如公司标语/CI(企业形象)标志、旗杆、旗帜、安全设施。

4.4.1.2 开工

承包商提出开工申请,或业主通过工程师签发开工令。

4.4.1.3 定位、放线和验线

按照红线定位图、规划放线资料对工程进行定位、放线和验线。

4.4.1.4　编制施工方案

编制各分项工程详细施工方案、工期计划,并组织施工设备进场。

4.4.1.5　图纸会审和技术交底

(1)图纸会审是业主、设计单位人员、施工人员互相沟通的过程,目的是使参与施工单位熟悉和了解所承担工程任务的特点、技术要求、工程难点以及工程质量标准,充分理解设计意图,保证工程施工方案符合设计文件的要求。通过图纸会审,施工单位有责任发现工程设计文件中明显的错误,并可以对设计方案的优化提出意见和建议。

(2)技术交底是施工单位技术人员和操作人员的沟通过程,是对设计和施工技术文件会审和落实的过程。技术交底的重点是工程的施工工艺及施工操作要点。

技术交底的层次分为项目技术负责人向工程技术及管理人员进行施工组织设计交底、技术员向班组进行分部分项工程实施方法交底、班组长向工人进行操作技术交底。

技术交底的内容包括设计意图,施工图要求,构造特点,施工工艺,施工方法,技术安全措施,执行的规范,规程和标准、质量标准、材料要求、特殊部位的施工工艺。

4.4.2　工程施工过程

工程施工过程中有许多专业工程的施工活动。例如一般的房屋建筑工程有如下工程施工活动。

4.4.2.1　土建工程施工

(1)单个工程定位、放线。按照工程规划和设计图纸在土地上对单个工程的空间位置进行定位。

(2)基础和地下工程施工。包括基础放线、降水(如采用轻型井点降水、管井与自渗砂井结合降水)、基坑支护(如土钉墙支护、护坡桩支护等)、基坑维护、桩基工程、基础土方开挖(挖土)、基础工程(地下结构,基础模板、钢筋、基础混凝土工程、基础验收)等工程施工活动。

(3)主体结构工程施工。包括搭设脚手架、主体工程定位放线(标高、位置)、主体模板工程、钢筋工程、混凝土工程、砖砌体工程、钢结构工程、门窗工程、屋面工程等施工活动。

4.4.2.2　配套设施工程施工

包括水、电、消防、暖通、除尘和给水排水工程的施工活动。

4.4.2.3　设备安装工程施工

如电梯、生产设备、办公用具、特殊结构施工、钢结构吊装、大型梁架吊装等施工活动。

4.4.2.4　装饰工程施工

包括外装修和内装修。

(1)外装修:外装修脚手架、与建筑物的拉结、脚手架防护、幕墙工程、外墙贴面等。

(2)内装修:墙体粉刷、贴面、木构件制作、室内器具等。

4.4.2.5　楼外工程施工

楼外工程施工包括楼外管道、道路工程、绿化景观工程、照明工程等施工活动。

在工程施工中要安排好各个专业搭接,如为设备安装预埋件,为排水工程、暖通工程、电气工程、智能化综合布线工程预埋管道和预留洞口等。

4.4.3　竣工验收

当工程按照工程建设任务书或设计文件，或工程承包合同完成规定的全部内容，即可以组织竣工检验和移交。如果工程由多个承包商承包，则每个承包商所承包的工程都有竣工检验和移交的过程。整个工程都经过竣工检验，则标志着整个工程施工阶段结束。

(1)工程验收准备工作。在工程竣工前有许多准备工作。如：组织人员进行逐级的检查，看是否完成预定范围的工程项目，是否有漏项；建筑物成品的保护和封闭；拆除各种临时设施，拆除脚手架，对工程进行清洗，清理施工现场等；多余材料、机具和各种物资的回收、退库和转移工作。

(2)竣工资料的准备。包括竣工图的绘制，竣工结算表的编制，竣工通知书、竣工报告、竣工验收证明书、质量评定的各项资料(结构性能、使用功能、外观效果)的准备。

(3)工程竣工自检。承包商对工程首先进行全面检查，检查工程的完成情况，设备、配套设施的运行情况，电气线路和各种管线的交工前检查。承包商应在自检验收合格的基础上，向业主提出竣工验收申请，说明拟验收工程的情况，经监理单位审查，认为具备验收条件，与承包单位商定有关竣工验收事宜后，提请业主组织竣工验收。

(4)验证竣工工程与规划文件、建设工程规划许可证、绿化设计方案、建筑安装工程档案移交文件等是否一致。

(5)工程竣工验收。对一个建设工程的全部竣工验收而言，大量的竣工验收基础工作已在所属各单位工程和单项(单体)工程竣工验收中进行。对已经交付竣工验收的单位工程(中间交工)或单项工程并已办理了移交手续的，原则上不再重复办理验收手续，但应将单位工程或单项工程竣工验收报告作为全部工程竣工验收的附件加以说明。

按照竣工验收通知书安排，对工程进行竣工验收，验收合格后签发竣工验收报告，施工单位的工程竣工报告，监理单位的工程质量评估报告，勘察、设计单位的质量检查报告，规划、公安消防、环保等部门出具的认可文件或准许使用文件，施工单位签署的工程质量保修书等。

(6)将工程竣工验收报告，规划、消防、环保等验收认可文件，工程质量保修书(使用说明书、质量保证书)，工程质量监督报告及其他必要的文件，进行工程竣工验收备案。

(7)在竣工验收备案全套资料基础上，签发建设工程竣工合格证。

(8)竣工资料的总结、交付、存档等工作。工程竣工验收合格后，要向城市建设档案管理部门提交最终的工程竣工图纸存档。

(9)进行工程竣工决算。

4.4.4　工程的运营准备工作

工程由业主移交给工程的运营单位，或工程进入运营状态，则标志着工程建设阶段任务的结束，工程进入运营(生产或使用)阶段。移交过程有各种手续和仪式，对工业工程，在此前要共同进行试生产(试车)，进行全负荷试验，或进行单体试车、无负荷联动试车和有负荷联动试车等。

在工程投入运营之前要完成如下运营准备工作：

(1)运营维修手册的编制。

(2)运营的组织建立。

(3)运营人员和维修人员的培训。

(4)生产的原材料、辅助材料准备。

(5)生产过程的流动资金准备等。

在工程总承包项目中,许多运营准备工作也在承包商的工程承包范围之内。

4.4.5　施工阶段的其他工作

有些属于工程施工阶段的工作任务或竣工工作会持续到工程的运营阶段。

(1)工程的保修(缺陷通知期)。在运营的初期,工程建设任务的承担者(如设计单位、施工单位、供应单位、项目管理单位)和业主按照工程任务书或工程承包合同还要继续承担因建设问题产生的缺陷责任,包括对工程的维护、维修、整改、进一步完善等。

(2)工程的回访。工程的任务承担者(设计单位、施工单位等)还要对工程运营状态做回访,了解工程的运营情况、质量、用户的意见等。通常要了解主体结构、屋面、设备、机电安装工程、装修工程,各种管道工程状况,并承担保修责任。

(3)工程建设阶段的考核评价。包括建设工期的考核评价、工程质量的考核评价、工程成本的考核评价、安全生产的考核评价、实际投资的考核评价等。

4.5　土木工程运营与维护

一个新的工程投入运营后直到它的设计寿命结束,最后被拆除,就像一个人一样,经过了成长、发育、成熟、衰退的过程。它的内在质量、功能和价值有一个变化过程。通常,在运营阶段,有如下工作：

(1)申请工程产权证。目前,工程产权证主要是针对房屋工程而言的。例如,有的城市规定:房屋建成后首先由开发商去相关政府部门办理产权证,称为初始登记;办理完毕后,个人购房者才能去办理各自的产权证。

(2)在运营过程中的维护管理,以确保工程安全、稳定、低成本、高效率运营,并保障人们的健康,节约能源、保护环境。

(3)工程项目的后评价。在工程运营一个阶段后,要对工程建设的目标、实施过程、运营效益、作用、影响进行系统、客观的总结、分析和评价。它是与工程前期的可行性研究工作相对应的。

(4)对本工程的扩建、更新改造、资本的运作管理等。本项工作原来不作为工程项目生命期的一部分,但现在运营和维护管理已作为工程项目管理的延伸,无论是业主,还是承包商,都十分注重这项工作。

(5)工程经过它的生命期过程,完成了它的使命,最终要被拆除。人类有史以来,任何工程都会结束,最终还回到一块平地。还可能要进行下一个工程的实施,进入一个新的循环阶段。

对于工程来说,工程生命期结束是个里程碑事件,而不能作为一个阶段。一般工程遗址的拆除和处理是由下一个工程的投资者和业主承担的,不作为前一个工程生命期的工作任务。但从一个工程对社会和历史承担的责任来说,应该考虑到工程生命期结束后下一个工程的方便性,能够方便的、低成本地处理本工程的遗留问题。我国是一个地少人多的国家,土地资源十分匮乏,大量的工程报废后要拆除并进行下一个工程的实施,所以这个问题十分重要。

4.6　建设工程管理

4.6.1　建设工程管理的重要性及背景

4.6.1.1　建设工程管理的重要性

基本建设是实现全面小康社会,推进新型工业化和保持经济持续、快速、稳定发展的重要保证。只要有建设就必须要有相应的建设工程管理来保证建设目标的顺利实现,因此建设工程管理在社会主义现代化建设中的作用就不言而喻了。

1.建设工程管理关系到我国全面建设小康社会的大局

在全面建设小康社会的过程中,全国各地必然会有成千上万个大大小小的建设工程项目上马。这些工程项目的决策是否科学、设计是否合理、质量是否良好及其效率的高低,以及工程目标能否实现等直接决定了工程项目的成败。这些大大小小的建设工程项目是实现全面建设小康社会的硬件条件,而必要的建设工程管理是确保这些工程成功的前提。因此,这就要求必须更加注重工程管理,不断地提高工程管理的水平。

2.建设工程管理关系到我国新型工业化道路的实现

在我国当前资源瓶颈制约,环境负荷沉重的条件下,要想实现工业化,就必须要走资源节约型、环境友好型,以及能充分显示我国人力资源优势的新型工业化道路。在走新型工业化道路的过程中必然伴随大量企业的扩建、改建工程,加之建筑行业作为资源消耗量巨大、环境污染较重的行业,这就要求我们必须在此过程中充分利用先进的工程管理技术,加强工程管理,确保资源节约,环境友好,同时又要确保工程质量,以实现工程建设目标。因而可以说,加强建设工程管理是实现我国新型工业化道路的必要前提。

3.建设工程管理关系到我国经济的持续、快速、稳定发展

建设工程管理涉及我国各个产业的方方面面,并与这些产业(如房地产业、建筑业、交通运输业等)相结合,创造了极其巨大的价值。从 2002 年至今,建设工程管理相关行业的产值始终占到国内生产总值的 60% 以上,对我国国民经济的发展起着举足轻重的作用。如果没有建设工程管理的有力保证,这些相关产业的产值将会大打折扣,国民经济的持续、稳定发展也将受到严重制约。因此,加强建设工程管理是保证我国经济持续、稳定发展的关键。

4.6.1.2　建设工程管理的背景

全球经济的迅速崛起和我国经济建设的全面展开,带动了包括生产性建设和非生产性基础设施建设在内的各类工程建设的蓬勃发展。我国建设工程项目的数量和类型在不

断增多,大规模、高技术、复杂型建设工程项目的出现呈加速趋势,由此加大了对建设工程项目管理的重视和对复合型建设工程项目管理人才的渴求。当前,我国出现了前所未有的投资热潮,正是这种历史潮流把建设工程项目管理推到了新时代的潮头浪尖。

(1)宏观经济的持续、稳定增长和入世后的国际化要求更加注重建设工程管理。

国家统计局数据显示,我国国内生产总值保持高速增长,从 2006 年的 216 314.43 亿元增长到 2016 年的 743 585.00 亿元,如图 4-9 所示。其中,2013 ~ 2016 年,国内生产总值年均增长 7.2%,高于同期世界 2.6% 和发展中经济体 4% 的平均增长水平,平均每年增量 44 413 亿元(按 2015 年不变价计算)。众所周知,我国的经济增长在很大程度上是由固定资产投资拉动的,因此经济的增长必然伴随着大量固定资产的投资。2006 ~ 2015 年,我国全社会固定资产投资额从 109 998 亿元增长至 562 000 亿元,年均复合增长率为 19.87%,如表 4-2 所示。国家将进一步加大保障性住房建设、水利工程建设、海洋建设工程、铁路、公路、城镇公共交通和基础设施、电力、输气工程、输电工程建设等。“十三五”期间,我国的经济仍将维持 9% 左右的增长速度,固定资产的投资也将维持高速增长。大量固定资产投资带来的是数量惊人的建设工程项目,将带动房地产开发、公共建筑投资、基础设施建设等建筑需求。因而,这就需要大量的工程管理专业人才,建设工程的管理也必须加强。

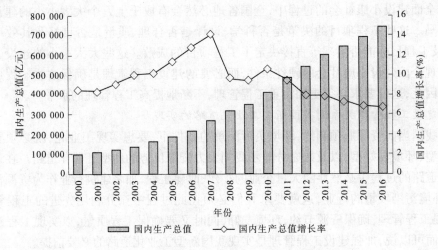

图 4-9　2000 ~ 2016 年我国国内生产总值及增长率

(2)城市化进程的加快为建设工程管理提供了更宽广的舞台。

2016 年年底,我国的城市化率为 57.4%,预计 2020 年达到 60%,如图 4-10 所示。根据国际经验,当城市化水平达到 70% 之前,城市化水平都会快速增长。以此判断,我国的城市化率仍将在未来 10 年左右的时间呈中快速增长趋势。根据 2001 ~ 2002 年我国城市发展报告,未来 40 年我国的城市化率将提高到 75%,同时根据城市化发展 S 形曲线理论(如图 4-11 所示),城市化率从 30% 到 70% 发展阶段是一个持续快速稳定的发展阶段,我国未来的 40 年刚好经历这个阶段。

表 4-2　2006~2014 年我国固定资产投资情况

年度	国内生产总值（GDP）（亿元）	全社会固定资产投资（亿元）	城市市政基础设施固定资产投资（亿元）	占同期全社会固定资产投资（%）	占同期 GDP 百分数（%）
2006	217 657	109 998	5 765	5.24	2.65
2007	268 019	137 324	6 419	4.67	2.39
2008	316 752	172 828	7 368	4.26	2.33
2009	345 629	224 599	10 642	4.74	3.08
2010	408 903	251 684	13 364	5.31	3.27
2011	484 124	311 485	13 934	4.47	2.88
2012	534 123	374 695	15 296	4.08	2.86
2013	588 019	446 294	16 350	3.66	2.78
2014	635 910	512 021	16 247	3.17	2.55

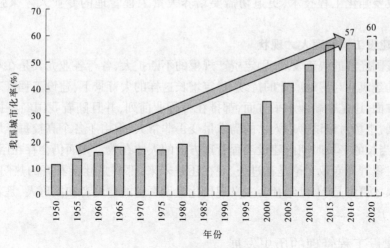

图 4-10　我国的城市化率

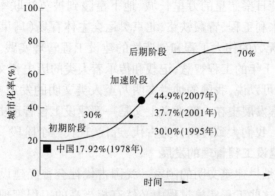

图 4-11　我国城市化发展 S 形曲线

（3）大型工程项目的不断涌现为建设工程管理的发展提供了更为广阔的前景。

近 10 年来，随着我国经济的快速增长和综合国力的不断增强，涌现出了一大批大型的工程项目，如三峡水利工程、青藏铁路工程、南水北调工程以及西气东输工程等。这些大型工程都有一个突出特点，就是能对区域经济、国民经济、全球经济产生重大、深远的影响，对国防建设、重大科技探索、社会稳定、生态环境保护、重大历史事件有决定性的意义。因而毫无疑问，大型建设工程项目将会为建设工程管理提供更为广阔的前景。

（4）建筑业与房地产业的蓬勃发展为建设工程管理提供了有力的保证。

改革开放以来，伴随着国民经济的巨大发展和社会的巨大进步，建筑业和房地产业蓬勃发展。2016 年，全国建筑业总产值已经达到 79.36 万亿元，增加值达到 4.96 亿元，占 GDP 总值的 6.66%，同年房地产业占 GDP 的比例也达到了 6.5%。建筑业和房地产业两者总计在 GDP 的比例已经超过了 13%，是国民经济名副其实的支柱产业。

总之，面临来自宏观经济的发展、城市化进程中大量基础设施的建设、大型建设工程项目的涌现、建筑业与房地产业蓬勃发展等提供的机遇，以及面临入世后国际上的挑战，必然要求加强建设过程中的管理工作，正如中国工程院院士所说："21 世纪大规模的现代化工程建设要强化工程技术，更迫切需要培养大量工程管理的专业人才来强化工程管理。"

4.6.1.3　建设工程管理人才现状

随着我国经济的快速发展、固定资产规模的不断扩大，各行各业尤其是在与建设工程管理相关的建筑业与房地产业的持续、稳定增长这样的大背景下，建设工程管理人才无论是在就业方面，还是在薪金水平方面，都排在各行业前列，并且随着我国经济持续、健康、稳定的发展，市场对建设管理人才的需求量变得非常大，但由于各个高校每年培养的人数有限，在相当长的一段时期内建设工程管理方面的人才在数量方面仍会存在巨大的缺口。

建设工程管理专业无论是在过去、现在还是未来，都将是社会看好的热门专业，建设工程管理人才更将是 21 世纪社会主义现代化建设真正的建设者和接班人，是新时代真正的"天之骄子"。

4.6.2　建设工程管理的历史发展

漫漫数千年，从昔日秦始皇的万里长城、地下皇陵到被英法联军"付之一炬"的圆明园，再到现在的三峡水利工程、青藏铁路、北京奥运会主体育场（鸟巢）以及国家游泳中心（水立方）等，诞生了无数的伟大工程和创造性的建设工程管理实践。建设工程管理的发展积淀了劳动人民数千年的工程智慧，记载和传承着人类的历史和文化，极大地推动了人类社会的文明进步。可以说，我国的灿烂文明乃至人类文明的发展史在一定程度上是一部工程发展史，而工程发展史在一定意义上又是一部建设工程管理史。总体而言，对于我国的建设工程管理史，我们大致可以分为古代、近代、现代三个阶段。

4.6.2.1　我国古代建设工程管理的发展

我国是一个有着灿烂建筑文明的国家。我国古代社会曾经建设了大量规模宏大，又十分复杂的工程。在这些工程实施过程中必然有相当高的工程管理水平相配套，否则很难获得成功，工程也很难达到那么高的技术水准。

1. 我国古代工程的组织与实施方式

1) 我国古代政府工程的实施组织

我国古代的建设工程一般可以分为民间工程和政府工程两种。在我国古代，由于生产力水平低下，民间工程建筑通常规模较小，其建造过程与管理相对简单。建造活动一直是采用业主自营方式进行的，即由工程业主提供材料、资金和建筑图纸（或式样），雇用工匠和一般劳务，建筑成本实报实销。由于社会分工比较简单，建筑设计、施工和管理没有明确的界限，通常都集中于业主自身或其代表。这种组织和实施方式在我国现在的农村仍然存在。

而政府工程（官式建筑、皇家建筑）大都规模宏大、结构复杂，工程费用涉及国库的开支，所以列朝列代对官式建筑的管理都十分重视。它的组织和实施方式涉及国家的管理制度，有一套独立的运作系统和规则。

我国古代政府工程的实施组织分为工官、工匠（匠役）、民役三个层次（见图 4-12）。工官代表着业主（政府、皇家），而工匠则是技术人员，民役是一般劳务。

2) 我国古代大型工程的施工管理模式

古代大型工程一般都由国家组织实施，由朝廷派员或由各级官府派员筹划、监工，成立临时管理机构（与我国现在的建设指挥部相似），工程完工后即撤销。政府领导人承担工程建设负责人。例如都江堰工程由太守李冰负责建造，秦代万里长城和秦直道的建设由大将蒙恬和蒙毅负责，汉长安的建设由丞相萧何总负责。

图 4-12　我国古代政府
工程的实施组织

这种以政府或军队的领导负责大型工程管理的模式在我国持续了很长时间，使许多工程的建设获得了成功。直到中华人民共和国成立后，我国投资建设的大型工程都由军队指挥员负责管理，现在许多大型国家工程和城市建设工程仍然由政府领导人担任管理者（如工程建设总指挥）。这和我国的文化传统、政治和经济体制相关。它能够方便地协调周边组织，能够有效地调动资源，高速度（高效率）地完成工程。

3) 实施程序

在我国历史上高度集权的社会制度下，具体工程建设的规划、设计和施工，有一套独特的程序、管理机构和组织形式。

《春秋左传》中记载了东周修建都城的过程，在取得周边诸侯的同意后，"己丑，士弥牟营成周，计丈数，揣高卑，度厚薄，仞沟洫，物土方，议远迩，量事期，計徒庸，虑材用，书糇粮，以令役于诸侯"。这比较具体地记载了在 2 500 多年前我国古代建设城墙的工程过程，包括工程规划、测量放样、设计城墙的厚度和壕沟的深度、计算土方工作量、计划工期、计算用工量、考虑工程费用和准备粮食的后勤供应，并向诸侯摊派征调劳动力。

到了清代，建筑工程建设程序已经十分完备，有包括选址、勘察地形、设计、勘估（工程量和费用预算）、施工及竣工后保修一套完整的流程。在整个过程中有计划、设计、成本管理（估价、预算、成本控制、事后审计等）、施工质量管理、竣工验收、保修等管理工作。

这个流程与现代工程建设过程十分相似。

2. 计划管理

在漫长的历史发展中,历朝皇帝都要进行大规模的宫殿、陵寝、城墙建设。在当时生产力低下和技术水平不高的条件下,这些大型建筑的兴建绝非少数人在短期内所能完成的,必须动用大量的人力、物力。为了保证工程的成功,必须事先精心策划与安排,在实施过程中必须进行缜密的组织管理。

孙子兵法中有"庙算多者胜",它是指国家对于战争必须事先做详细的预测和计划。可以想象当时国家进行大的工程也必然有"庙算",即工程的计划;可以肯定在那些规模宏大的工程建设中必然有"运筹帷幄",必有时间(工期)上的计划和控制;对各工程活动之间必然有统筹的安排。

例如北宋皇宫遭大火焚毁后,由丁谓负责重新建造。建设过程中遇到几个问题:烧砖头需要泥土从何而来,大量的建筑材料(如石材、木材)的运输方式如何选择,建筑完成后建筑垃圾如何处理等。他计划和组织建造过程:先在皇宫中开河引水,通过人工运河运输建筑材料;同时用开河挖出的土烧砖;工程建成后再用建筑垃圾填河,最终该皇宫建设工程节约了大量投资。

3. 古代建设工程的质量管理

我国古代工程中的许多工艺方法和质量是非常高的,使我们至今还能看到甚至使用这些工程。古代对工程必有预定的质量要求,有质量检查和控制的过程与方法,这样才能保证工程质量。

在周代《周礼·考工记》中就有取得高质量工程的条件:"天有时,地有气,材有美,工有巧,合此四者,然后可以为良。"这与现代工程质量管理的五大要素,即材料、设备、工艺、环境、人员是一致的。因为"工有巧"不仅指工艺,而且指工匠(人员)。

《周礼·考工记》中详细叙说了古代各种器物(包括木制作、五金制作、皮革制作、绘画、纺织印染、编织、雕刻制作、陶器制作等)的制作方式、尺寸、工艺、用料,甚至原材料的出产地,各种不同用途的合金的配合比要求,还包括城市建设工程规划标准,壕沟、仓储、城墙、房屋的施工要求等。

在我国古代很早之前的一些建筑遗址中就发现在建筑结构、材料和构件上刻生产者的名字的做法,如秦兵马俑。其初始目的可能不是施工人员为了使自己流芳百世,而是一种质量管理责任制形式,就像我们现在规定设计人员必须在图纸上签字一样。

典型的工程还有明代南京城墙的建设,其质量控制方法和责任制形式是在城墙砖上刻生产者的名字。如果出现质量问题,可以方便地追究生产者责任。

这些质量管理方法是简单而有效的,直到现在我们可以看到在南京明代城墙上砖头质量很好,甚至还可以清晰地读出生产者的名字。

到了清代工程质量管理体系已经十分完备。例如对工程保固与赔修均有规定,宫殿内的岁修工程,均限保固3年;其余新建、改建、扩建工程,按建设规模、性质,保固期分别为3年、5年、6年、10年四种期限。工程如在保固期限内坍塌,监修官员负责赔修并交由内务府处理,如在工程保固期内发生渗漏,由监修官员负责赔修。

　　4. 古代建设工程的进度控制

　　历朝历代的皇帝都要兴修大规模的土木工程。但在当时的生产力和技术水平下,这些工程绝非少数人在短期内就能完成。因而,为了保证工程的进度,这些工程的管理人员势必要进行精心的策划和安排。回顾历史,在工程进度方面,古人采取了许多技术上的创新方法来尽量节省时间。例如,在修筑长城的时候,统治者要求的工期相当紧迫,建造者必须想尽各种方法以求加快工程的进度。在难以行走的地方人们排成长队,用传递的方法把建筑材料传送到施工现场;在冬天则在地上泼水,利用结冰后摩擦力减小的原理推拉巨大的石料;在深谷中人们用"飞筐走索"的方法,把建筑材料装在筐里从两侧拉紧牢固的绳索上滑溜或者牵引过去。

　　5. 古代建设工程的工程估价和费用(成本、投资)管理

　　工程估价是一个古老的活动,它是与人类工程建造活动同步发展的。我国历史上历代帝王都大兴土木,工程建设规模大,结构复杂,资源消耗量大,官方很重视材料消耗的计算,并形成了一些计算工程工料消耗和工程费用的方法。

　　我国在工程的投资管理方面很早就形成了一套费用的预测、计划、核算、审计和控制体系。

　　北宋时期,李诫编修的《营造法式》更是吸取了历代工匠的经验,对控制工料消耗做了规定,可以说是工料计算方面的巨著。

　　《儒林外史》第 40 回中描写萧云仙在平定少数民族叛乱后修青枫城城墙,修复工程结束后,萧云仙将本工程的花费清单上报工部。工部对其花费清单进行全面审计,认为清单中有多估冒算,经"工部核算:…… 该抚题销本内:砖、灰、工匠,共开销 19 360 两 1 钱 2 分 15 毫 …… 核减 7 525 两"。这个核减的部分必须向萧云仙本人追缴,最后他回家变卖了他父亲的庄园才填补了这个空缺。该工程审计得如此精确,而且分人工费(工匠)、材料费(砖、灰)进行核算,则必然有相应的核算方法,必有相应的费用标准(即定额)。同时可见,当时对官员在工程中多估冒算,违反财经纪律的处理和打击力度是很大的。

　　清代工部颁布的《工程做法则例》是一部优秀的计算工料的著作,有许多说明工料计算的方法。为明晰地计算造价,清代还制定了详细的料例规范——《营造算例》。清代出现了专门负责工程估工算料和负责编制预算的部门——算房。它的职责是根据所提供的工程设计,计算出工料所需费用。而且按照清代工程的程序,算房在勘察阶段、设计阶段、勘估阶段、施工阶段、工程完工阶段都要参与工程的工料测算(量),进行全过程费用控制,有一整套的计算规则。

4.6.2.2　我国近代建设工程管理的发展

　　鸦片战争以后,我国传统的建筑生产方式发生了前所未有的变化。工官制度逐渐衰败,光绪三十二年(1906 年)工部正式撤销,工官制度随同封建制度一起消亡。

　　第一次鸦片战争以后,我国被迫开放广州、厦门、福州、宁波、上海五个城市作为通商口岸。近代资本主义的工程建设方式随之进入我国。上海作为开埠最早的城市之一,是近代帝国主义在东方的经济中心,上海的建筑管理及其制度成为我国各地的范例,后来国民政府的工程管理组织设置和建筑法规的起草都参照上海租界的情况。这在我国近代史上具有典型意义。

1. 城市管理机构——工部局

1854 年 7 月,英国、美国、法国三国领事召集居住在租界内的西方人举行会议,选举产生了由七名董事组成的行政委员会,不久即改为市政委员会,中文名为工部局。

工部局成立后机构和职能不断扩大,下设工务处负责租界内一切市政基本建设、建造管理等工作。工务处下设的具体职能部门有行政部、土地查勘部、营造部、建筑查勘部、沟渠部、道路工程师部、工场部、公园及空地部、会计等九个部门,管理日常事务。

工部局掌握城市建筑工程管理的三大权力:

(1)制定与修改有关建筑章程,如《华式建筑章程》和《西式建筑章程》。

(2)建筑设计图纸的审批,建筑许可证的核发。所有房屋建筑活动均须向工务处建筑查勘部申请建筑许可证,且以设计图纸通过审批为前提。

(3)负责审查营造厂、建筑师开业,审查工程开工营造,公共工程管理(批准预算、招标、监工、验收、付款等),以及对违章建筑的管理。

从 19 世纪 60 年代开始,全国许多城市仿效租界的市政建设和市政管理体制,全国许多城市如北京、天津、沈阳等陆续成立了工部局。

2. 法律法规

经过许多年对城市建设管理与各工程技术专业规则的地方性探索,国民政府于 1938 年 12 月 26 日颁布了我国历史上第一部具有现代意义的全国性建筑管理法规——《建筑法》。之后又制定了建筑行业管理规则《建筑师管理规则》《管理营造业规则》和技术规范《建筑技术规则》。国民政府制定了全国统一的政府建筑管理机构体系,在中央为内政部营建司,在省为建设厅,在市为工务局(未设工务局的为市政府),在县为县政府。

3. 工程建造行业的专业化分工

工程中专业化分工的演变体现在工程承包方式的演变上。我国工程专业化的发展一方面基于我国古代工程中专业化的萌芽,另一方面是由于西方现代工程专业化分工和承发包模式的进入对我国的影响。

工程承包经历“合—分—合”的过程。

(1)在古代,社会分工比较简单,工程建设由业主自营,设计、施工、工程管理是不分的。特别是建筑设计和施工并没有很明确的界限,施工的指挥者和组织者往往也是建筑设计者本人。

14 ~ 15 世纪,营造师首先在西欧出现,作为业主的代理人管理工匠,并负责设计。

15 ~ 17 世纪,建筑师出现,专门承担设计任务。由此产生了工程建设中的第一次分工——设计和施工的分工。建筑师以独立的身份在建设工程中承担一个独立的角色,在社会上也作为一个独立的单位,而营造师管理工匠。在我国,到清代才出现了专业的建筑设计机构——样房,但其设计者仍然身兼施工管理、设计两职。

(2)在西方,17 ~ 18 世纪,工程承包企业出现,业主发包,与工程承包商签订承包合同。承包商负责工程施工,建筑师负责规划、设计、施工监督,并负责业主和承包商之间的纠纷调解。

在我国,传统的工匠制度被废除后,近代资本主义的建造经营方式也引入我国。由于建筑规模扩大,工程承包人不仅要有施工机械方面的资金投入,而且要求参与材料等方面的商业经营。一方面需要掌握建造技术,尤其是西方建筑的新技术;另一方面需要具有经营能力和资金。传统的工匠已无法适应社会要求,因而开始转型。不少建筑工匠告别传统的作坊式经营方式,成立营造厂(即工程承包企业),投入到近代建筑市场的竞争——工程招标中去。

到 1880 年,川沙籍泥水匠杨斯盛开设了上海第一家由中国人创立的营造厂——杨瑞泰营造厂。营造厂属私人厂商,早期大多是单包工,后期大多是工料兼包。多由厂主自任经理,下设几名账房、监工,规模大的增设估价员、书记员、翻样师傅等。

营造厂固定人员较少,在中标、与业主签订合同后,再分工种经由大包、中包,层层转包到小包,最后由包工头临时招募工人。

对营造厂的开业有严格的法律程序和担保制度,由工部局进行资质审核,最后向工商管理部门登记注册。营造厂商被明确地分为甲、乙、丙、丁四等。与现代企业一样,对各级企业有一定量的资本金要求,对代表人的资历、学历,企业的经营范围和承接工程的规模都有规定。

1893 年建成的由杨斯盛承建的江海关二期大楼,为当时规模最大、式样最新的西式建筑。我国企业家开设的营造厂也逐步形成规模,如顾兰记、江裕记、张裕泰、赵新泰、魏清记、余洪记等。

(3)在我国,直到 19 世纪中期,才有现代意义上的专业建筑师。建筑师事务所专门从事设计和工程监理,与承担施工的营造厂相配合,以满足新式工程的需要。当时设计人员(建筑师)、业主和施工人员三者都是独立的。

(4)因建筑工程的市场化运作,建筑活动涉及技术、管理、经济等问题,而且越来越复杂,我国在 19 世纪末出现了工程管理(监督)专业化和社会化发展。在工程上的监督人可分为下列三种:

①由业主方聘请、委派,代表业主利益,一般称为工程顾问、顾问工程师,其主要职能是负责审核设计和监理工程。在施工现场还有工场事务员,常驻工地,协助设计方与施工方对工程进行技术监督。

②设计方委派,代表设计方监督工程施工,保证设计意图圆满实现,一般称为监工、监造。

③施工方——营造厂商委派,多称看工或监工。相当于现在的工地技术员、工程师,专门负责看施工图纸,交待和监督各分包工头及各工序的作业状况。

(5)20 世纪,工程的承包方式出现多元化发展趋向。

①首先专业化分工更细致,导致设计和施工进一步专业化分工。工程管理又分投资咨询、工程监理、招标代理、造价咨询等。

②同时向综合化方向发展,如工程总承包、项目管理承包等。

4. 工程招标投标的发展

随着租界的建立,西方建筑技术、专业人员及商家(建筑师、营造厂)的进入,工程招标承包模式也随之引入我国。招标投标是 1864 年由西方营造厂在建造法国领事馆时首次引进的,但当时人们还不适应。直到 1891 年江海关二期工程招标时,竟然"无敢应者",只有杨斯盛营造厂一家投标。但到了 1903 年的德华银行、1904 年的爱俪园、1906 年的德国总会和汇中饭店、1916 年的天祥洋行大楼等,都由本地营造厂中标承建。而在 20 世纪 20～30 年代,上海建成的 33 幢 10 层以上建筑的主体结构全部由中国营造商承包建造。

到了 20 世纪初,工程招标投标程序已经十分完备。其招标公告、招标文件、合同条款的内容,标前会议、澄清会议、评标方式(商务标和技术标的评审)、合同的签订、投标保证金、履约保证金等与现代工程是一样的,或者是相似的。到了 20 世纪 30 年代,建筑工程合同条款就相当完善,与现在的工程承包合同差异很小。

1925 年南京中山陵一期工程的招标中,建筑师吕彦直希望由一个资金雄厚、施工经验丰富的营造厂承建,他认为在当时上海的几家大营造厂中只有姚新记营造厂最为理想。原定投标截止时间为 12 月 5 日,但直到 12 月 10 日还不见姚新记前来投标。因此,他一面要求葬事筹备处将招标期限延长 4 天,一面告知姚新记招标延期,要求姚新记“只要在 12 月 19 日上午 12 点前把投标书送来即可”。招标结束,共 7 家营造厂投标,姚新记的报价白银 483 000 两高居第二位。吕彦直在出席第 16 次葬事筹委会议时,详细介绍了各营造厂的资本、履历等情况,并提出了自己的看法,筹委会同意了他的意见并决定由他出面与姚新记营造厂厂主姚锡舟协商,说服姚新记降低报价至 40 万两为限。几经协商,最终以 443 000 两的价格承包。

5. 近代建筑“四新”的学习运用

通过学习并吸收西方近代建筑新技术、新结构、新材料、新设备,缩小了我国建筑业与发达国家的差异。如电梯是 1887 年在美国首次使用,到 1906 年上海汇中饭店就已安装使用;1894 年巴黎的蒙马特尔教堂首次使用钢筋混凝土框架结构,到 1908 年,上海德律风公司就用上这一技术。1882 年上海电气公司最早使用钢结构,1883 年上海自来水厂最早使用水泥,1903 年建造的英国上海总会是上海第一幢使用钢筋混凝土的大楼,1923 年建成的汇丰银行最早采用冷气设备。

6. 工程融资模式

现在人们认为,在国外工程中 BOT(建造—运营—转让)最早是在 20 世纪 70 年代提出的。而在 100 多年前我国台湾巡抚刘铭传建造台湾铁路工程实质上就是采用 BOT 模式。

在清光绪年间,台湾巡抚刘铭传要建设台湾铁路,给清政府奏折有如下内容:

(1)“基隆至台湾府城拟修车路六百余里,所有钢质铁路并火车、客车、货车以及一路桥梁,统归商人承办。议定工本价银一百万两,分七年归还,利息按照周年六厘。每年归还数目,再行定议”。

(2)“台北至台南,沿途所过地方,土沃民富,应用铁路地基,若由商买,民间势必居奇。所有地价,请由官发,其修筑工价,由商自给”。即工程土地采用划拨形式。

(3)“基隆至淡水,猫狸街至大甲,中隔山岭数重,台湾人工过贵,必须由官派勇帮同工作,以期迅速”。即困难的工程由军队施工,这样工期能保证。

(4)“车路所用枕木,为数过多,现在商船订购未到,须请先派官轮代运,免算水脚”。

(5)“车路造成之后,由官督办,由商经理。铁路火车一切用度,皆归商人自行开支。所收脚价,官收九成,偿还铁路本利,商得一成,并于搭客另收票费一成,以作铁路用度。除火车应用收票司事人等由官发给薪水外,其余不能支销公费”。

(6)“铁路经过城池街镇,如须停车之处,由官修造车房。所有站房码头,均由商自行修造"。

（7）"此项铁路现虽商人承办,将来即作官物。所用钢铁条每码须三十六磅。沿途桥梁必须工坚料实,由官派员督同修造"。即工程将来要转让给政府,在建造过程中政府必须严格控制。

（8）"此项铁路计需工本银一百万两,内有钢条、火车、铁桥等项约须银六十余万两。商人或在德厂、或在英商订购,其价亦须分年归还。如奉旨准办,再与该厂议立合同,由官验明盖印以后,由商自行归还,官不过问。如商人另做别项生意,另借洋款,不能以铁路作抵"。即商人只有经营权,没有所有权。

经过刘铭传极力倡议,并提出详细计划,终于在光绪十三年（1887 年）四月二十八日,奉准兴建台湾铁路。同年五月二十日成立"全台铁路商务总局"。至于筑路经费,原预定由商人集资一百万两,专供建筑铁路及桥梁之用。至于地价、车房及人事开支皆归官方承办。据当时所聘工程师初估,地价、车房、码头及人工四项,即约需银六十余万两,合计共需一百六十余万两。为招募商款,发行了铁路股票,民间响应者甚多。这即是现在人们所说的工程项目资产证券化融资模式。

该工程上马后,虽然持续进行,但困难重重。由于人们缺乏经验,且资金不够;地形复杂,建造费用比初估多出许多;许多商人观望不前,融资困难;而且其推动者刘铭传卸任,最终工程中断。

虽然该工程没有获得成功,但它确实是新的融资方式的一种很好尝试。

7. 詹天佑与京张铁路

在近代我国工程建设历史上,甚至在我国近代社会历史上,詹天佑以及由他负责建造的京张（北京至张家口）铁路都具有十分重要的地位。

该工程于 1905 年 9 月动工。它是完全由中国自己筹资、勘测、设计、施工建造的第一条铁路,全长 200 多千米。此路经过高山峻岭,地形和地质条件十分复杂,桥梁和隧道很多,工程十分艰巨。

詹天佑（1861—1919 年）勇敢地担当起该工程总工程师的艰巨任务,面对着外国人"修建铁路的中国工程师还没有出生"的轻蔑与嘲笑,发出誓言:"如果我失败了,那不仅仅是我个人的不幸,而会是所有中国工程师,甚至是所有中国人的不幸! 为了证明中国人的智慧和志气,我别无选择"。他勉励工程人员为国争光,他跟铁路员工一起克服资金不足、机器短缺、技术力量薄弱等困难,运用他的聪明才智解决了许多技术难题,特别是面对八达岭一带山高坡陡,行车危险的难题,创造性地设计出"人"字形轨道,把铁轨铺到八达岭,这项创新既保证了安全行车,又缩短了隧道长度,出色地完成居庸关和八达岭两处艰难的隧道工程。

京张铁路原计划 6 年建成,在詹天佑和一万多建筑工人的努力下,经过四年的艰苦奋斗,于 1909 年 9 月 24 日,提前两年全线通车。原预算的工款为纹银 7 291 860 两,清代政府实拨 7 223 984 两,而实际竣工决算仅为 6 935 086 两,较实拨工款节余 288 898 两,较预算节省 356 774 两。每千米造价比当时修筑难度较小的关内外铁路线还低。全部费用只有外国承包商索取价的 1/5,而且工程质量好。

在京张铁路修筑中,詹天佑非常重视工程标准化,主持编制了京张铁路工程标准图,包括京张铁路的桥梁、涵洞、轨道、线路、山洞、机车库、水塔、房屋、客车、车辆限界等,共49项标准,是我国第一套铁路工程标准图。它的制定和实行,加强了京张铁路修筑中的工程管理,保证了工程质量,为修筑其他铁路提供了借鉴资料。

从1888年起,詹天佑先后从事津榆、津卢、锦州、萍醴、新易、潮汕、沪宁、沪嘉、京张、张绥、津浦、洛潼、川汉、粤汉、汉粤川等铁路的修筑,为开创和发展我国铁路事业做出了重要贡献。

1912年,詹天佑发起组织了"中华工程师会"(后改名为中华工程师学会),并被选为会长。他积极主持学会的工作,开展各种学术活动,创办《中华工程师学会会报》等刊物。

詹天佑作为我国近代工程师的杰出代表,他的成就体现了中华民族的智慧,他的业绩是我国近代工程界的丰碑,他永远是我国工程界的楷模。

4.6.2.3　我国现代工程管理的发展

1. 起源

现代工程管理是在20世纪50年代以后发展起来的。它的起因有如下几个方面:

(1)由于社会生产力的高速发展,大型及特大型工程越来越多,如航天工程、核武器研制工程、导弹研制、大型水利工程、交通工程等。由于工程规模大、技术复杂、参加单位多,又受到时间和资金的严格限制,需要新的管理手段和方法。例如1957年美国北极星导弹计划的实施项目被分解为6万多项工作,有近4 000个承包商参加。

现代工程管理理论和方法通常首先是在大型的、特大型的工程建设中研究和应用的。

(2)由于现代科学技术的发展,产生了系统论、控制论、信息论、计算机技术、运筹学、预测技术、决策技术,并日臻完善,给现代工程管理的发展提供了理论和方法基础。

由于工程的普遍性和对社会发展的重要作用,工程管理的研究、教育和应用也越来越受到许多国家的政府、企业界和高等院校的广泛重视,得到了长足的发展,成为近几十年来国内外管理领域中的一大热点。

2. 发展过程

工程管理在近50年的发展中,大致经历了如下过程:

(1)20世纪50年代,国际上人们将系统方法和网络技术(CPM和PERT网络)应用于工程(主要是美国的军事工程)的工期计划和控制中,取得了很大成功。最重要的是美国1957年的北极星导弹研制和后来的登月计划。这些方法很快应用于工程建设中。

在我国,学习当时的苏联的工程管理方法,引入了施工组织设计与计划。用现在的观点看,那时的施工组织设计与计划包括业主的工程建设实施计划和组织(建设工程施工组织总设计),以及承包商的工程施工计划和组织(如单位工程施工组织设计、分部工程施工组织设计等)。其内容包括工程施工技术方案、组织结构、工期计划和优化、质量保证措施、资源(如劳动力、设备、材料等)计划、后勤保障(现场临时设施、水电管网等)计划、现场平面布置等。这对我国顺利完成国家重点工程建设具有重要作用。

在20世纪50年代初的大型工程中,如苏联援建的156项工程,以及后来的原子弹和氢弹计划等,工程管理者(总指挥)主要为军人,后逐渐由政府官员、企业经理、技术人员担任。

在对建筑工程劳动过程和效率研究的基础上,我国工程定额的测定和预算方法也趋于完善。

（2）20 世纪 60 年代,国际上利用计算机进行网络计划的分析计算已经成熟,人们可以用计算机进行工期的计划和控制,并利用计算机进行资源计划和成本预算,在网络计划的基础上实现了用计算机进行工期、资源和成本的综合计划、优化和控制。这不仅扩大了工程管理的研究深度和广度,而且大大提高了工程管理效率。

在 20 世纪 60 年代初,华罗庚教授用最简单易懂的方法将网络计划技术介绍到我国,将它称为统筹法,并在纺织、冶金、制造、建筑工程等领域中推广。网络计划技术的引入不仅给我国的工程组织设计中的工期计划、资源计划、成本计划和优化增加了新的内涵,提供了现代化的方法和手段,而且在现代工程管理方法的研究和应用方面缩小了我国与国际上的差距。

在我国的一些国防工程中,系统工程的理论和方法的应用提高了国防工程管理水平,保证了我国许多重大国防工程的顺利实施。

（3）20 世纪 70 年代初,国际上人们将信息系统方法引入工程管理中,开始研究工程项目管理信息系统模型。

在整个 20 世纪 70 年代,工程管理的职能在不断扩展,人们对工程管理的过程和各种管理职能进行全面、系统地研究,如合同管理、安全管理等。

在工程的质量管理方面提出并普及了全面质量管理(TQM)或全面质量控制(TQC),依据 TQC(或 TQM)原理建立起来的 PDCA(plan-do-check-action,计划—执行—检查—处理)循环模式是工程质量管理中的一种有效的工作方法。20 世纪 70 年代以来,国际标准化组织(ISO)把全面质量管理理念和 PDCA 循环方法引入 ISO9000(国际质量管理和质量保证体系系列标准)和 ISO14000(国际环境管理体系系列标准)中。

（4）到了 20 世纪 70 年代末、80 年代初,计算机得到了普及。这使工程管理理论和方法的应用走向了更广阔的领域。由于计算机及软件价格降低、数据获得更加方便、计算时间缩短、调整容易、程序与用户友好等优点,使工程管理工作大为简化、高效率,使寻常的工程承包企业和工程管理公司在中小型工程中都可以使用现代化的工程管理方法和手段,取得了很大的成功,收到了显著的经济效果和社会效果。

（5）20 世纪 80 年代以来,人们进一步扩大了工程管理的研究领域,如工程全生命期费用的优化、合同管理、全生命期管理、集成化管理、风险管理、不同文化的组织行为和沟通的研究和应用。在计算机应用上则加强了决策支持系统、专家系统和互联网技术在工程管理中应用的研究和开发。现代信息技术对工程管理的促进作用是十分巨大的。

（6）在 20 世纪 80 年代,对我国的工程管理体制进行了改革,在建设工程领域引进工程项目管理相关制度。主要推行:

①业主投资责任制。在投资领域推行建设工程投资项目业主全过程责任制,改变了以前建设单位负责工程建设,建成后交付运营单位使用的模式。

②监理制度。我国从 1988 年开始推行建设工程监理制度。

③在我国的施工企业中逐渐推行了项目管理(项目法施工)。1995 年建设部颁布了《建筑施工企业项目经理资质管理办法》,推行施工项目经理责任制。

④推行工程招标投标制度和合同管理制度。

⑤在工程项目中出现许多新的融资方式、新的管理模式、新的合同形式、新的组织形

式。在这方面的研究和应用取得了许多成果,也是我国工程管理最富特色的方面。

(7)自20世纪90年代以来,伴随新型工业化的进程,工程管理在社会经济发展中的地位和作用大幅提升,工程管理得到全社会的高度重视,取得了长足的发展。现代工程管理吸收并融合了系统论、信息论、控制论、行为科学等现代管理理论,其基础理论体系更加健全和完善。近年来,我国在三峡工程、青藏铁路、国家游泳中心、国家体育中心等重大工程项目实践中努力创新工程项目管理的技术手段和方法,拓展了工程管理的应用空间,提升了工程管理在重大工程项目建设中的地位。

伴随着国家社会经济的持续发展,特别是新型工业化进程的加速推进,工程管理在基础理论和技术方法上都得到了全面的发展。一方面,系统工程、科学管理、运筹学、价值工程、网络技术、关键路线法等一系列理论和方法诞生并被应用于工程实践,逐步发展成为管理科学的核心理论和方法。另一方面,现代科学技术的飞速发展和社会经济领域对工程管理行业的巨大需求,为工程管理的进一步完善和发展提供了广阔的空间,注入了新的活力,促使工程管理理论和技术体系不断健全和完善,推动工程管理逐步成为社会经济发展中具有重要地位和作用的行业。

4.6.3 建设工程管理的基本观念

4.6.3.1 管理的概念

管理是人类共同劳动的产物。管理同人类社会息息相关,凡是人类社会活动,皆需要管理。从原始部落、氏族部落到现代文明社会,从企业、军队、学校到政府机构、科研单位,都需要组织、协作、调节、控制,都离不开管理。随着人类社会活动向广度和深度的延伸,管理的含义、内容、理论、方法等也都在逐渐变化和发展,管理的重要性也更加突出,以致在现代社会,管理和科学技术一并成为支撑现代文明社会大厦的两大支柱,成为加速推进社会进步的动力引擎。

管理的核心和实质是促进社会系统发挥科学技术的社会功能,取得社会效益和经济效益。作为社会经济与科学技术的中间环节,管理具有中介性、科学性和社会性三项基本特征。科学技术通过管理物化为生产力的各要素,推动社会经济的发展。离开了管理的中介作用,科学技术将成为“空中楼阁”。要把科学技术转换为生产力,必须运用科学知识系统(如系统论、信息论、控制论、经济学等)、科学方法(如数理统计、物理试验、系统分析、信息技术等)和科学技术工具(如计算机等),必须遵循社会系统的固有规律。

第一位使管理从经验上升为科学的人——弗雷德里克·温斯洛·泰勒(见图4-13),由于在科学管理方面所做出的突出贡献,被人们誉为“科学管理之父”。法国管理学家亨利·法约尔(见图4-14)的一般管理理论对管理学的发展产生了巨大的影响,后来成为管理过程学派的理论基础,他本人成为该学派的开山祖师。

4.6.3.2 建设工程的概念

建设工程就是指在一定的建设时间内,在规定的资金总额条件下,需要达到预期规模和预定质量水平的一次性事业。如一所医院、一所学校、一幢住宅楼等都是建设工程。所谓“一定的建设时间”,是指建设工程从立项到施工安装、竣工建成直至保修期结束这样一段工程建设的时间。它是有限制的,在这段时间里,工程建设的自然条件和技术条件受

图 4-13 弗雷德里克·温斯洛·泰勒　　图 4-14 亨利·法约尔

地点和时间的限制。"规定的资金总额"是指用于建设工程的资金并不是无限的,它要求在达到预期规模和质量水平的前提下,把建设工程的投资控制在规定的计划内。"一次性事业"是指建设工程具有明显的单一性,它不同于现代工业工程大批量重复生产的过程。即使是通用的民用住宅工程,也会因建设地点、施工生产条件、材料和设备供应状况的不同,而表现出彼此的区别和很强的一次性。

建设工程的分类见图 4-15。

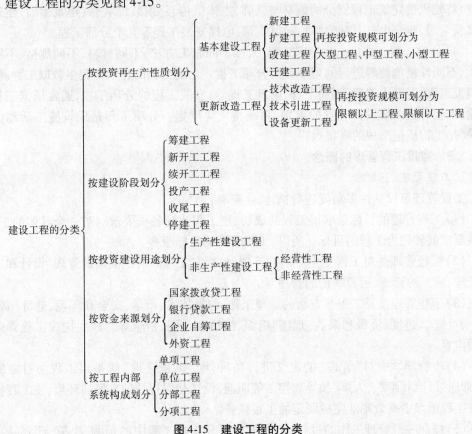

图 4-15 建设工程的分类

（1）单项工程。单项工程一般是指具有独立的设计文件,建成后可独立地发挥生产能力或效益的配套齐全的工程项目。单项工程是建设工程项目的组成部分,一个建设工程项目可以仅包括一个单项工程,也可以包括几个单项工程。生产性建设工程项目的单项工程一般是指能独立生产的车间,包括厂房建筑、设备的安装以及设备、工具、器具的购置等。非生产性建设工程项目的单项工程一般是指一幢住宅楼、教学楼、图书馆楼、办公楼等。

单项工程的施工条件一般具有相对独立性,通常单独组织施工和竣工验收。单项工程体现了建设工程的主要建设内容,是新增生产能力或工程效益的基础。

（2）单位工程。单位工程是单项工程的组成部分,一般是指不能独立地发挥生产能力,但具有独立设计图样和独立施工条件的工程。

一个单位工程往往不能单独形成生产能力或发挥工程效益,只有在几个有机联系、互为配套的单位工程全部建成后才能进行生产或使用。例如,民用建筑单位工程必须与室外各单位工程构成一个单项工程才能供人们使用。

（3）分部工程。在每一个单位工程中,按工程的部位、设备种类和型号、使用材料和工种不同进行的分类称为分部工程,它是对单位工程的进一步分解。如一般工业与民用建筑工程可划分为基础工程、主体工程、楼面与地面工程、装修工程、屋面工程等分部工程;建筑安装工程的分部工程可根据《建筑工程施工质量验收统一标准》(GB 50300—2001)将较大的建筑工程划分为地基与基础、主体结构、建筑装饰装修、建筑屋面、建筑给排水及采暖、建筑电气、智能建筑、通风空调、电梯安装工程等九个分部工程。

（4）分项工程。在每一个分部工程中,按不同施工方法、不同材料、不同规格、不同配合比、不同计量单位等进行的划分称为分项工程。土建工程的分项工程多数以工种确定,如模板工程、混凝土工程、钢筋工程、砌筑工程等;安装工程的分项工程,通常依据工程的用途、工程种类以及设备装置的组别、系统特征等确定。分项工程是建筑施工活动的基础,又是工程质量形成的直接过程。

4.6.3.3　建设工程管理的概念

1. 工程管理

工程管理可以从许多角度进行描述,主要有:

（1）工程管理的目标是取得工程的成功,使工程达到各项要求。对一个具体的工程,这些要求就转化为工程的目标。所以,工程管理的目标很多。

（2）工程管理是对工程全生命期的管理,包括对工程的前期决策的管理、设计和计划的管理、施工的管理、运营维护的管理等。

（3）工程管理涉及工程各方面的管理工作,包括技术、质量、安全和环境、造价(费用、成本、投资)、进度、资源和采购、现场、组织、法律和合同、信息等。这些构成工程管理的主要内容。

（4）将管理学中对"管理"的定义进行拓展,则"工程管理"就是以工程为对象的管理,即通过计划、组织、人事、领导和控制等职能,设计和保持一种良好的环境,使工程参加者在工程组织中高效率地完成既定的工程任务。

（5）按照一般管理工作的过程,工程管理可分为在工程中的预测、决策、计划、控制、反馈等工作。

（6）工程管理就是以工程为对象的系统管理方法，通过一个临时性的、专门的柔性组织，对工程建设和运营过程进行高效率的计划、组织、指导和控制，以对工程进行全过程的动态管理，实现工程的目标。

（7）按照系统工程方法，工程管理可分为确定工程目标、制订工程方案、实施工程方案、跟踪检查等工作。

2.建设工程管理

建设工程管理是工程管理的一个重要分支，它是指通过一定的组织形式，用系统工程的观点、理论和方法对工程建设周期内的所有工作，包括项目建议书、项目决策、工程施工、竣工验收等系统运动过程进行决策、计划、组织、协调和控制，以达到保证工程质量、缩短工期、提高投资效益的目的。由此可见，建设工程管理是以建设工程项目目标控制（质量控制、进度控制和投资控制）为核心的管理活动。

1）建设工程管理的具体职能

管理职能是指管理行为由哪些相互作用的因素构成。换言之，要实现管理的目标，提高管理的效益具体应从哪些方面努力。从项目管理的理论和我国的实际情况来看，建设工程管理的具体职能主要包括以下方面：决策职能、计划职能、组织职能、控制职能、协调职能。

2）建设工程管理的任务

建设工程管理在工程建设过程中具有十分重要的意义，建设工程管理的任务主要表现在以下几个方面：合同管理、组织协调、目标控制、风险管理、信息管理、环境保护。

4.6.4　建设工程管理的特点

建设工程作为工程管理的对象，有它的特殊性。工程的特殊性带来工程管理的特殊性。

（1）工程管理需要对整个工程的建设和运营过程中的规划、勘察、设计，各专业工程的施工和供应进行决策、计划、控制和协调。工程管理本身有鲜明的专业特点，有很强的技术性。不懂工程，没有工程相关的专业知识的人是很难做好工程管理工作的。

（2）工程管理是综合性管理工作。这体现在以下几个方面：

①人们对工程的要求是多方面的、综合性的，工程管理是多目标约束条件下的管理问题。

②工程管理要协调各个工程专业工作，管理各个工程专业之间的界面，所以它与工程各个专业都相关。

③由于工程的任务是由许多不同企业（如设计单位、施工单位、供应单位）的人员完成的，所以对一个工程的管理会涉及许多企业。

④在工程计划和控制过程中，工程管理要综合考虑技术问题、经济问题、工期问题、合同问题、质量问题、安全和环境问题、资源问题等。

这些就决定了工程管理工作的复杂性远远高于一般的生产管理和企业管理。工程管理者需要掌握多学科的知识才能胜任工作。

（3）工程管理是实务型的管理工作。这体现在许多方面：

①工程管理不仅要设立目标，编制计划，还要执行计划，进行实施过程的控制，甚至要旁站监理。

②由于一个工程的建设和运营是围绕着工程现场进行的，所以工程管理的落脚点是工程现场。无论是业主、承包商，还是设计单位人员，如果不重视工程现场工作，不重视现场管理，是无法圆满完成工程任务的。

对工程现场不理解，没有现场管理经验的人是很难胜任工程管理工作的。

（4）工程管理与技术工作和纯管理工作都不同。它既有技术性，需要严谨的作风和思维，又是一种具有高度系统性、综合性、复杂性的管理工作，需要有沟通和协调的艺术，需要知识、经验、社会交往能力和悟性。

（5）工程的实施和运营过程是不均衡的，工程的生命期各阶段有不同的工作任务和管理目标。

（6）由于每个工程都是一次性的，所以工程管理工作是常新的工作，富有挑战性，需要创新，需要高度的艺术性。

（7）工程管理工作对保证工程的成功有决定性作用。它与各个工程专业（如建筑学、土木工程等）一样，对社会贡献大，是非常有价值和有意义的工作，会给人以成就感。

4.6.5　建设工程"四个平台"体系概述

4.6.5.1　现代建设工程需要解决的主要问题

工程从构思开始，到拆除，经历了一个完整的生命历程。为了取得一个成功的工程，人们需要解决许多问题，包括技术问题、经济问题、组织问题、管理问题、法律和合同问题。

1. 工程建设的技术问题

工程和技术是密不可分的。技术是工程的根本，也是工程管理的依托。要取得一个工程的成功，必须选择科学的技术方案，并保证准确实施这些方案。

工程管理者要对技术方案的可行性、经济性进行评价和决策，并进行实施监督。工程管理者会遇到大量的技术问题，所以他要掌握工程技术知识。

1）工程总方案选择和选址

（1）在工程刚开始时人们就面临着一个选择：选择什么样的工程去实现工程目的，完成所需要的产品或服务。

例如，我们要解决长江两岸的交通问题，这是我们的目的。工程选择可能有建新桥，或建轮渡码头，或建江底隧道，或扩建旧桥。

又如要解决一个城市的交通问题，可以选择建地铁，还可以选择建轻轨，或者新建公路，或拓宽公路。

如果选择地铁，则就要确定地铁的线路长度、走向、站点设置等。

（2）工程选址，即工程放在何处。这是工程的一个重大战略问题，它会影响工程的全生命期各个方面，如产品的建造成本、运营环境和运营成本、产品的价格，甚至影响整个工程的价值。

通常，工程选址应考虑以下几点：

①对要大量消耗原材料的工程,最好靠近原材料出产地。

②对产品出厂后要尽快销售到用户手中的工程,最好靠近产品市场销售地。

③工程所在地应具有很方便的交通(水路、公路、铁路或航空)条件。

④对运营中用水量很大的工程,应靠近充足的水源地。

⑤工程应选择在具有稳定的地质条件的地方,这样工程的地质处理费用少,地质灾害少,工程的使用寿命长。

⑥工程应少占用农田、森林。

⑦有水、大气或噪声污染的工程,应尽量安排离开城市,同时注意布置在城市的下游,或下风处,防止对城市水源和大气产生污染。

⑧由于房地产的价值(价格)主要由它的位置决定,相同结构的房屋,在市中心与在郊区价格能相差几倍。所以,位置选择是房地产投资开发要考虑的最重要的因素。

2)工程的技术方案(生产工艺)选择和布置规划

(1)一个成功的工程,许多因素是由工程的技术方案决定的。工程技术方案不仅会影响工程的进度、工程造价和工程质量,而且会影响工程运营费用、工程产品的产量和质量、工程建设和运营的安全性、产品的市场销售、设备更新改造的周期等一系列问题,可能会导致整个工程的成败。

(2)工程技术方案是对工程技术系统的规定,通常由设计人员通过提出技术方案,或者绘制图纸和编制规范,做出选择。设计文件是对工程技术方案的描述。

(3)属于工程技术方案的有:工程所采用的工艺流程和设备的选型;工程布局;工程建造形式、基础和主体结构的形式;各个专业工程方案,如通风设备方案、智能化体系方案等。

3)工程施工技术的选择和施工过程管理

(1)施工技术和方法,即将工程系统建造起来的技术、设备、方式和方法(工艺和工法)。例如:

①混凝土供应和施工方案:拟采用商品混凝土或采用现场拌混凝土,以及大体积混凝土的施工措施。

②模板方案:梁、板、柱模板及其支撑体系、墙模板体系等。

③脚手架方案:液压爬架方案、单立杆双排钢管脚手架、移动式脚手架、扣件式钢管脚手架等。

④工程的吊装方案,特别对重大的结构件和设备的吊装。

⑤施工设备的选择。

⑥主体结构的施工方案。

⑦施工现场布置和施工顺序安排。

⑧冬季、雨季施工措施。

⑨工程成品保护措施。

⑩其他各个工程专业要素的施工方案。

选择施工方法时,首先应重点解决影响整个工程施工的专业工程和工程分部(分项)的施工方法。如:基础工程的施工;主体结构的施工;大体积混凝土的施工;重大设备吊装;采用新结构、新技术、新工艺的分部(分项)工程;特种结构工程施工,或特殊专业工程施工等。

由于建筑产品的多样性、地域性,工程的施工环境条件不同,在施工方法的选择上也是多种多样的。如在对基础施工方案的选择时,必须综合考虑施工现场的客观条件(如现场的水文地质资料、气象资料、地形和交通情况等)和工程本身的结构特点做出选择。

(2)施工过程中的技术问题。在施工过程中,有许多技术问题需要处理。包括以下几个方面:

①各种技术检查和监督、技术鉴定,对材料、设备、工艺的合格性检查和评判。

②工程出现质量问题的处理。如施工准备阶段,对地下电缆、地下水管、地下防空洞、高压架空输电线路、周围居民住宅区、周围交通街道等问题的处理;基础施工阶段,遇到特殊地质条件的处理,土方坍塌、深坑井内事故、打桩事故、雨季施工、高地下水位施工、四周建筑物影响、深基坑高空坠落物、深基坑有毒气体等的处理;构件或设备安装作业阶段,对定位不对、误操作、未按规定绑扎或绑扎不牢等问题的处理;以及施工中经常会出现原定的施工方案与实际脱节,需要做出及时处理等。

③工程施工中的安全、健康和环境保护技术措施和方法。

④工程设计文件出现错误或技术变更,需要及时处理等。

2.工程建设的经济问题

人们建设一个工程不仅追求工程顺利建成和运营,实现使用功能,而且要取得高的经济效益。从工程的构思开始,经过工程建成投入运营,直到工程结束,人们面临许多经济问题。工程的技术问题(工程总体方案、工艺方案、结构形式、施工方案)、工程的融资方案、工期安排都会对工程的建设成本(造价、费用)、工程产品的价格、收益、利润、投资回报产生影响,这些都会影响工程的经济效益。工程过程中有许多技术、管理和经济变量交织在一起。现代工程对经济性的要求越来越高,资金限制也越来越严格。经济性和资金问题已经成为现代工程能否立项,能否取得成功的关键。

1)工程建设成本(费用、投资)的确定问题

(1)工程在建设过程中的委托设计、施工,采购材料和设备,聘请管理公司等都需要支付费用。则在工程决策阶段就要确定花多少钱才能够完成工程的建设,达到目标,即要完成工程的建设,必须付出多大代价。这构成工程的费用(投资或成本)目标。

(2)工程的费用与工程的功能、规模、技术方案、实施方案有关。在工程的建设过程中,我们所做的每一个决策都可能涉及费用问题,都会对以后的工程运营和维修造成极大的影响。所以,人们不仅要从技术上分析每一个方案的可行性,还必须分析经济上的合理性。

由于不同的工程方案有不同的费用,则存在工程技术经济优化问题。即如何以最少的费用建成符合要求的工程,达到预定的目标,实现工程的价值,提高工程的整体经济效益。

(3)在工程中,有时工程建设投资总额在初期就由组织的高层决定了,作为一个重要的目标,则就有"如何在总投资限定情况下完成工程? 如何按照总投资限额进行工程的规划、设计、施工和采购?"等问题。

2）工程建成后的运营和维护费用，或者工程产品的生产成本的确定

在分析工程产品的市场状况和运营期利润时，人们必须考虑产品的生产成本（费用）。工程产品的生产成本不仅与工程产品的生产方案、生产工艺、生产管理组织、原材料采购、工程的生产效率、工程设施的维护状况和费用等相关，而且与工程的建设过程和总投资相关，与工程设备的选型相关。

3）财务问题

在工程建设和运营过程中，何时需要多少资金投入才能够建成工程，并使工程正常运营，这是工程的财务问题。工程生命期过程的资金投入主要有两大部分：

（1）工程建设资金。要保证工程建设顺利完成，必须按工程实施计划安排资金计划，并保障资金供应，否则工程建设就会中断。工程建设资金需要量是与工程的总投资（工程规模）、建设进度、融资方式等因素相关的。例如，一个工程总投资 10 亿元人民币，这代表工程的总体规模。但建设该工程需要投入的资金是在建设期中变化的，而且总额也不一定就是 10 亿元人民币。这与工程所采用的投资、融资模式相关，投资者必须合理安排资金取得的时间和数量。

（2）在工程投入运营前必须准备一定量的周转资金，以购买运营所需要的原材料、燃料、发放工资、支付运营管理费用等。

有时必须按投资者（企业、国家、地方等）所具有的或能够提供的资金策划相应范围和规模的工程项目，安排工程的实施计划。

4）资金来源问题

从何处获得这些资金？工程采用什么样的资本结构和融资模式？

现代工程获得资金有多种渠道和方式，工程投资已呈多元化趋向。项目融资是现代战略管理和项目管理的重要课题。从上述可见，现代工程获得资金的渠道很多。但每一个渠道有它的特殊性，有不同的借贷条件和使用条件，不同的资金成本，投资者（借贷者）有不同的权力和利益，有不同的宽限期，最终有不同的风险。

通常要综合考虑风险、资金成本、收益等各种因素，确定本工程的资金来源、结构、币制、筹集时间，以及还款的计划安排等，确定符合技术、经济和法律要求的融资计划或投资计划。

5）工程的投资收益问题

投资收益主要是依靠工程的运营带来的，通过工程产品或服务在市场上的销售获得回报。工程要取得良好的经济效益，不仅需要降低建设和运营投入的费用，而且需要争取更大的产出效益。工程的产出效益分两个方面：

（1）本工程的直接收益。这是投资者的总体要求和目的，他们希望通过工程项目的运营取得预定的投资回报，达到预定的投资回报率。

工程的投资收益是由工程产品或服务的市场和生产状况决定的，包括销售量、销售价格、产品的生产成本和销售成本等因素。

（2）工程对社会、对国家的贡献，对国民经济的影响。

不管我们现在要建设的工程规模有多大，它都处在国家的大环境中，是国民经济的一部分。形象地说，国家建设才是一个最大的工程。国民经济的发展是由无数个工程建设

和运营支撑起来的。每个工程的建设和运营都会对国民经济发展有贡献,都要服从于国家和社会发展的需要。所以,要从国家和国民经济整体的角度分析与考察工程效益及影响。

3. 工程建设的组织和信息问题

1)工程组织成员

工程的任务是由具体的组织和人员承担的。现代工程规模庞大,涉及的专业众多,不是一个单位能够完成的。即使是采用总承包形式,也需要许多分包商、供应商共同工作,所以任何工程都有一个非常复杂的组织系统。

工程组织是由负责完成工程建设和运营工作任务的人、单位、部门组合起来的群体,通常包括业主、工程管理单位(咨询公司、招标代理单位、监理单位)、设计单位、工程承包单位(包括分包单位)和供应单位等。

例如三峡工程,在工程建设期有几万人在现场工作;南京地铁工程在施工期正常有近万人在工作,他们来自几百个不同的企业(或机构)。这些人员从各个单位(各企业、各部门)来,共同为工程建设工作,如果没有一个严密而有效的组织,则会导致混乱。

2)工程组织的特点

(1)现代工程组织成员多,组织结构特别复杂。他们来自不同的企业(甚至不同的国度)。可以说,工程建设过程是许多企业的合作过程,是一个超企业行为。如何才能将过去互不相干的个人、单位组织起来,形成一个有序的工程实施过程,大家一起为工程总目标努力工作,而不产生混乱,对他们统一的组织、计划和控制是非常重要的。

(2)工程组织的存在是为了完成工程总目标,获得成功的工程,其本身具有强烈的目的性。所以,工程组织设置应能完成工程范围内的所有工作任务,使所有工作任务都无一遗漏地落实到具体的组织成员上。同时,工程组织还应追求结构简单化,不增加不必要的机构。

(3)在工程立项前,所有单位在本工程问题上都是没有关系的。工程组织成员之间通过合同作为组织的纽带,合同是工程各参加者的最高行为准则。但是一份合同仅仅能约束签约双方的行为,对合同外的其他工程组织成员就无能为力了。

通常,企业组织有一个企业章程约束企业成员的行为,而工程组织缺乏一个统一的、有约束力的行为准则,所以工程组织是比较松散的。

(4)每一个具体的工程都是一次性的,这个特点决定了工程组织也是一次性的。也就是说,工程建成后工程建设组织就解散了。这是工程组织区别于企业组织最大的特点。工程组织的运行、参加者的组织行为、团队建设和沟通管理都受到这个特点的影响。

(5)由于工程的特殊性,矛盾在工程系统中出现的频率很高,协调就成为工程管理的一项重要的工作,是工程成功的保证。

(6)工程组织形式是多样性的、复杂的,不同的融资模式、承发包模式和管理模式,就会有不同的工程组织形式。

3)工程过程中的主要组织问题

要保证工程组织高效率、有秩序地运作,必须解决如下问题:

(1)如何委托和分配工程任务;如何有利且有效地进行工程发包,签订工程合同;采用什么样的工程管理模式,如何成立工程项目经理部。

(2)如何设置工作(专业性工作和管理工作)流程组织。

(3)如何建立统一的工程组织运行规则。

(4)如何使整个工程组织形成一个高效率的团队。

(5)如何对工程组织和工程管理组织(如项目经理部)进行绩效考核。

4)工程中的信息问题

现代社会是信息社会,人们生活在信息的海洋中。信息是工程所需的资源之一。

(1)由于工程规模大、周期长和特别复杂,在工程及其管理过程中,又会产生大量的信息。工程通过信息运作,如发出指令、发出招标文件;通过信息协调工程组织成员。同时,信息又是计划和控制的依据,如目标设置、工程的市场定位、工程报价、实施计划都需要大量的信息。

工程竣工后,其有效的工程信息汗牛充栋,如图纸、合同、各种审批文件、各种工程报告、报表、变更文件、用工单、用料单、会议纪要、通知等。另外,还有大量的无效信息,如未中标的投标书、推销各种产品广告等。据统计,信息处理在工程管理专业人员和工程师的工作中占有十分重要的地位,他们工作时间的 10% ~30% 是用在寻找合适的信息上。

(2)工程组织的运作效率依赖信息的沟通。

如图 4-16 所示为工程组织之间的信息沟通。现代工程管理的研究表明,大量的组织障碍是由信息问题造成的。工程中的许多问题(如成本的增加、工期的延误、争执问题)都与工程组织中的沟通问题有关。据统计,工程中 10% ~33% 的成本增加都与信息沟通问题有关。而在大中型工程中,信息沟通问题导致的工程变更和错误占工程总成本的3% ~5% 。因此,如何有效提高信息沟通的效率、改进信息沟通的质量、降低信息沟通的成本,成为工程管理的一个突出问题。

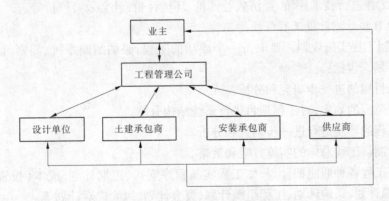

图 4-16　工程组织之间的信息沟通

(3)由于工程的如下特点导致信息沟通困难:

①工程过程的阶段性,而且不同阶段由不同人员负责,导致在阶段过渡过程中信息缺失。

②工程各参加者利益和目标不同,心理状态不同,会导致信息"孤岛"现象和信息不对称。

③工程各部门专业不同,使用不同的专业术语,导致不能有效地沟通。

④现代大型工程都是由不同国度的人参加的,不同国度的人员的沟通存在语言障碍。

(4)要取得一个成功的工程,必须解决以下几点:

①如何有效获取信息,大家共享信息,解决信息不对称问题。

②使信息有效传递,形成工程参加者共同工作的信息平台。

③在工程组织中如何建立良好的信息沟通渠道,使大家都明确目标,更好地彼此了解,共同为取得成功的工程而努力。

4. 工程建设的管理问题

在工程建设过程中需要大量的管理工作。这些管理工作与前文所述的技术工作、经济工作、组织和信息工作紧密交织在一起,形成一个综合性的工程管理过程。

1)工程前期的决策咨询工作

在工程的前期策划阶段,由于工程尚未立项,所以没有工程的专业性实施工作,主要体现为投资者或上层组织对工程的构思、目标设计、可行性研究和评价与决策。在这个阶段,需要如下工程管理工作:

(1)工程构思和机会的研究。

(2)对已有的问题、工程条件与资源进行调查研究和收集数据。

(3)工程目标系统的建立、分析和优化。

(4)提出实施目标的设想、总体实施方案的建议,提出工程建设建议书。

(5)进行可行性研究,并提出研究报告。

(6)工程场地选择及土地价值评价。

(7)工程建设和运营的风险分析。

(8)工程总进度与财务安排的计划。

(9)对工程进行技术评价、经济效益评价、环境评价、社会效益评价等。

2)在设计和计划阶段工程管理的工作

(1)编制工程实施规划。要取得一个成功的工程,必须编制系统、周密、切实可行的工程实施计划。包括:

①工程目标的进一步研究和分析。

②工程范围的划定,对工程项目进行系统结构分解。

③对工程的环境进行进一步调查和分析。

④协助制订工程总体的实施方案和策略。

⑤制订工程各种职能型计划,如工程实施程序安排、工期计划、成本(投资)预算、质量计划、资源计划、采购计划、工程组织计划、资金计划、风险应对计划等。

(2)对规划设计的管理。包括:

①提出规划设计要求,确定工程质量标准和编制设计招标文件。

②对规划设计工作的管理,包括设计工作进度、质量、成本等控制和协调。

③设计文件的审查和批准工作等。

(3)工程的招标投标管理工作。包括:

①进行合同策划、工程分标,选择合同类型。

②起草招标文件和合同文件。

③进行资格预审。

④招标中的各种事务性工作,如组织标前会议,下达各种通知、说明。

⑤组织开标、评标,做评标报告。

⑥召开澄清会议。

⑦选择承包商,并签订合同。

⑧分析合同风险并制定应对风险的策略,安排各种工程保险和担保等。

(4)工程实施前的准备工作。牵头进行施工准备,包括现场准备、技术准备、资源准备等,与各方面进行协调;签发开工令。

3)工程施工过程的全面控制

工程施工控制的总任务是保证按预定的计划进行工程施工,保证工程预定目标的圆满实现。在现代工程中,施工过程作为工程的一个独特的阶段,对工程的成败具有举足轻重的作用。工程施工阶段是工程管理工作最为活跃的阶段。控制的主要方面有:

(1)工程施工条件的提供和保证。

(2)编制或审查工程施工组织设计和计划。

(3)工程实施控制:监督、跟踪、诊断项目实施过程;协调设计单位、施工承包商、供应商的工作;具体进行工程的范围管理、进度控制、成本(投资)控制、质量控制、风险控制、材料和设备管理、现场和环境管理、信息管理等工作,保证施工有秩序、高效率地进行。

(4)工程竣工的各项工作,包括:

①编制工程的竣工计划。

②工程的竣工决算。

③组织工程的验收与交接,费用结算,资料交接。

④工程的运营准备。

⑤项目后评价,总结项目经验教训和存在的问题;按照业主的委托对项目运行情况、投资回收等进行跟踪。

⑥协助工程审计。

⑦对工程的保修与回访工作的管理。

5. 工程的法律和合同问题

1)工程法律问题

(1)现代社会是法制社会。为了保证工程的顺利进行,保护工程相关者各方面的利益,国家为工程建设和运行颁布了各式各样的法律法规。例如,常见的有《中华人民共和国合同法》《中华人民共和国环境保护法》《中华人民共和国税法》《中华人民共和国招标投标法》《中华人民共和国建筑法》《中华人民共和国保险法》《中华人民共和国文物保护法》等。由于工程的复杂性和特殊性,使得适用于工程建设和运行相关的法律法规数量非常多,是其他领域不可比拟的。工程在其全生命期内都有可能碰到各种各样的法律问题。

(2)工程参加者、管理者的所有行为必须符合法律的规定,不能与法律规定相冲突,否则就会承担相应的法律后果。

工程中出现的各种法律问题,其后果通常都是严重的。如:工程规划不符合法律规定的程序和要求,必须修改;工程招标不符合《中华人民共和国招标投标法》的规定,导致招标无效;工程施工违反《中华人民共和国环境保护法》,受到周边居民投诉,被罚款;工程质量不符合国家强制性标准要求,必须返工。

(3)目前,我国工程界违反法律的问题非常严重。

工程相关的法律问题和由此造成的后果已经引起了社会和人们的关注。作为工程建设者,一定要知法、懂法,既要保证自己不违法,也要保护自己不被他人侵权。

2)工程合同问题

(1)工程合同的重要作用。

①合同作为工程组织的纽带,将工程所涉及的规划、各专业设计、施工、材料和设备供应联系起来,形成工程的分工协作关系,协调并统一工程各参加者的行为。

②业主通过合同运作工程项目,将工程的实施和管理活动委托出去,并实施对工程过程的控制,所以工程实施和运营过程又是许多合同的签订和执行过程。

③合同作为调节工程参加者各方面经济责、权、利关系的手段,工程参加者各方面的工作目标、责任、权利、相关利益(如工程价格和支付)都由与之相关的合同规定。合同又是工程过程中各方面的最高行为准则,是工程各方面在工程中各种活动的依据。而一旦发生了争执,合同是解决争执的依据。

(2)工程合同的复杂性。

①工程合同种类很多。一个工程涉及融资(或合资、贷款)合同、各种工程承包合同、勘察设计合同、各种供应合同,以及各种分包合同等。一个工程相关联的合同有几十份、几百份,甚至几千份,它们构成一个复杂的工程合同体系。上海地铁1号线业主签订了3 000多份合同,南京地铁1号线业主签订了300多份合同。

②合同签订和实施过程复杂。由于工程建设是一个渐进的过程,持续时间长,这使得相关的合同,特别是工程承包合同生命期长。它不仅包括施工期,而且包括招标投标和合同谈判以及工程保修期,所以一般至少两年,长的可达5年或更长的时间。

由于工程合同在工程实施前签订,在签订时不可能将工程实施中的所有情况都考虑到,实际情况又是千变万化的,所以合同中和合同之间经常会存在错误、矛盾和漏洞。

③工程合同是最复杂的合同类型,它由许多条款、文本、图纸、规范等构成。现代工程合同文本又是极为复杂、烦琐、准确、严密和精细的,常常一个术语的不同解释能关系到一个重大索赔的解决结果。

④工程合同内容涉及工程相关法律、工程技术(如技术标准、规范)、工程价格(合同价格)、工期(合同工期)、管理程序(如质量管理、造价管理、工期管理等)、工程参加者责、权、利关系等各方面,具有高度的综合性。

⑤与其他领域的合同不同,工程实施对社会和历史的影响大,政府和社会各方面对工程合同的签订和实施过程予以特别的关注,有更为细致和严密的法律规定。

(3)工程中需解决的合同问题。

在工程中为了有效地利用合同实现工程目标,保证工程的成功,需要严格的合同管理(见图4-17),需要解决如下问题:

①如何对工程进行科学的合同策划,构造工程的合同体系。

②如何签订有利的、公平的合同。

③如何圆满地执行合同,保证工程的顺利实施。

④如何通过合同保护自己的利益,防止自己和对方的违约行为等。

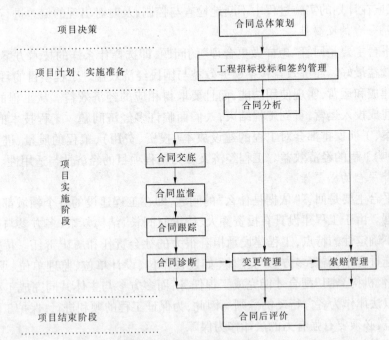

图 4-17　工程合同管理过程

4.6.5.2　建设工程"四个平台"体系的构建

通过前面内容的讲解,我们知道为了取得一个成功的工程,需要解决技术问题、经济问题、组织问题、管理问题、法律和合同问题等,这些问题产生了对工程管理理论和方法的需求。而建设工程管理教育是为社会培养具有土木工程技术、经济、管理、法律等基础知识和专业知识,能够从事项目全过程、全方位和全要素管理的复合型高级管理人才。建设工程管理课程是跨学科的综合性课程,该课程把工程技术内容和管理知识以及相关经济和法律知识有机地结合在一起,构成工程技术平台、管理平台、经济平台、法律平台"四大平台"体系。

1. 构建建设工程"四个平台"体系的必要性

1) 工程技术平台的必要性

工程技术平台主要是回答"怎么去做"工程,也是建设工程管理的基础与核心。此外,把施工图样变成宏伟蓝图和在工程建设过程中采取的技术方法与手段以及满足工程要求的技术性能等都离不开工程技术的指导与支持。因此,要完成工程,就必须对各项工程技术有很好的掌握。工程技术又分为工程结构、工程材料和工程施工等部分内容。

2) 管理平台的必要性

管理平台主要是回答"怎样去实现目标"的问题,即通过管理手段来实现工程的目标,具体的手段是计划、组织、协调与控制。由于工程项目的复杂性,所以必须有强有力的管理才能保证工程建设顺利实施,最终实现工程建设的目标。工程从构思开始到建设完成,有许多工程专业活动和管理活动。工程建设是由成千上万个工程专业活动和管理活动构成的过程。这些活动有各种各样的性质,要取得一个工程的成功,必须按照工程的目标,将各个活动通过计划合理的安排,从而形成一个高效、有序、协调的过程,才不致出现混乱,并且应在计划的实施过程中不断地检查与控制,及时对出现的偏差进行修正。

3)经济平台的必要性

经济平台主要是回答"怎样做更合理"的问题,即选择什么样的技术方案能使工程项目的经济效益最好。经济效益包括财务效益与国民经济效益。工程项目的目标不仅追求工程按时建成和运营,实现使用功能,而且要取得相应的经济效益。从工程的构思开始,经过工程建成投入运营,直到工程结束,人们面临许多经济问题。工程技术的选择、工程的融资方案、工期安排都会对工程的建设成本(投资、费用)、工程的质量、进度等产生影响,进而影响工程的经济效益。工程经济又分为工程项目的经济性与适用性。

4)法律平台的必要性

法律平台主要是回答"依据是什么"的问题,即在工程建设的各个领域都必须以法律法规为依据。由于工程建设具有投资额大、持续时间长、结构复杂、多方参与主体以及存在较大的不确定性的特点,工程建设承担着很大的社会责任和历史责任。特别是在工程建设的实施过程中,需要多方参与主体(如建设单位、设计单位、监理单位、承包商、分包商、政府监督机构)密切配合才能完成工程任务,而多方参与主体共同完成工程任务的前提就在于以法律作为各方行动的准则。因此,为保证工程的顺利进行,保护工程相关者各方面的利益,必须要有强有力的法律作为保障。

2.建设工程管理"四个平台"体系的相互融合

虽然每个平台都有自己比较完整的知识体系,但每个平台并不是独立存在的,它们之间存在很大的内在联系。正是通过对这"四大平台"体系的掌握与有机结合,才能使建设工程管理工作顺利进行,最终促成项目的成功。工程技术平台、经济平台、管理平台和法律平台"四个平台"体系的相互融合关系如图4-18所示。

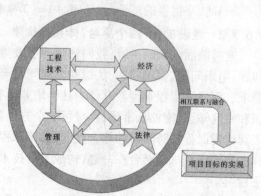

图4-18　"四个平台"体系的相互融合

建设工程管理"四个平台"体系的相互融合的基础可归纳为以下几点:

(1)在工程技术领域,学科融合的特点是工程技术、经济、管理、法律的相互交叉渗透最直接。

(2)工程实践技术性和经济性的双重特点,催生工程技术学科与经济学科的交叉融合。

(3)工程项目中,资金、物资、人力等各种资源的组织配置离不开科学的管理。

(4)工程项目多方参与的特点,决定了法律要素的融入。

第 5 章　土木工程师与大学工程教育

5.1　科学、技术与工程

5.1.1　科学

　　科学指的就是分科而学,指将各种知识通过细化分类(如数学、物理、化学等)研究,形成逐渐完整的知识体系。它是关于发现、发明、创造、实践的学问,它是人类探索研究感悟宇宙万物变化规律的知识体系的总称。

　　科学是一个建立在可检验的解释和对客观事物的形式、组织等进行预测的有序的知识的系统。科学还指可合理解释,并可靠地应用的知识本身。科学的专业从业者习惯上被称为科学家。

　　科学的方法奠定了基础,强调试验数据及其结果的重现性。在西方世界近代早期,"科学"和"自然哲学"有时可以互换使用。在西方世界直到 17 世纪,自然哲学(自然科学)被认为是哲学的一个独立的科学分支,与唯物同源。

　　在现代用法中,科学经常指的是追求知识,不但是知识本身,它也常指研究这些分支寻求解释物质世界的现象。17 世纪和 18 世纪的科学家越来越多地在寻求自然法则,如牛顿运动定律方面的知识。而在 19 世纪,"科学"一词越来越与科学方法本身相关联,以研究自然世界,包括物理、化学、地质学和生物学。

　　"科学"在广义上表示可靠,反映在现代术语如图书馆学和计算机科学。这也反映在学术研究的某些领域,如"社会科学"或"政治学"的名称。

　　总而言之,科学是通过一定的研究方法所获得的自然及社会现象的系统化的知识体系。

5.1.2　技术

　　技术是制造一种产品的系统知识,所采用的一种工艺或提供的一项服务,不论这种知识是否反映在一项发明、一项外形设计、一项实用新型或者一种植物新品种,或者反映在技术情报或技能中,或者反映在专家为设计、安装、开办或维修一个工厂或为管理一个工商业企业或其活动而提供的服务或协助等方面。这是至今为止国际上给技术所下的最为全面和完整的定义。实际上,知识产权组织把世界上所有能带来经济效益的科学知识都定义为技术。

　　因此,技术是指将科学研究所发现或传统经验所证明的规律转化成为各种生产工艺。

5.1.3　工程

　　工程是科学和数学的某种应用,通过这一应用,使自然界的物质和能源的特性能够通过各种结构、机器、产品、系统和过程，是以最短的时间和最少的人力、物力做出高效、可靠且对人类有用的东西，将自然科学的理论应用到具体工农业生产部门中形成的各学科的总称。

因此，工程是指自然科学或各种专门技术应用到生产部门中而形成的各种学科的总称。

5.1.4　科学、技术与工程之间的关系

5.1.4.1　科学、技术与工程之间的相互联系

科学、技术和工程是人类活动的重要内容，但关于它们之间的关系却存在众多不同的观点。技术不同于科学的观点已得到多数人的认同，但技术与工程之间的关系却存在着混乱的看法。科学、技术与工程三者之间既有密切联系又有明显区别。

人类社会发展的历史就是新的、先进的生产力不断取代旧的、落后的生产力的过程，其中科学技术推动着生产力的发展，决定着生产力的发展水平；而在这方面，工程科学技术起着最重要、最直接的作用。科学是认识客观世界的知识体系，属于潜在生产力；在工程科学的推动下，科学发展为工程技术，将知识创新转化为技术创新，从而推动现代生产力的发展。工程活动是现代社会存在和发展的重要基础之一。工程活动不仅是对特定目标的技术的综合集成，而且是在技术、经济、文化、环境等因素综合作用下的一种社会发展活动。因此，我们必须在科学发展观的指导下，有效地选择、设计、建设和运行工程项目，以加速我国的现代化进程。

（1）科学与技术的关系：科学是技术的基础，技术是科学的研究手段。

（2）技术与工程的关系：技术是工程的支撑，工程是技术的促进。

（3）科学与工程的关系：工程建立在科学的基础上，科学在工程实践中获得。

就三者而言，科学是目的，技术是手段，工程是过程，三者相辅相成。在现代工程中三者相互促进，共同促进人类社会不断发展。

5.1.4.2　科学、技术与工程之间的区别

科学的核心是科学发现，技术的核心是技术发明，工程的核心是工程建造。三者之间的研究任务和目的有明显的区别。

科学研究的目的在于认识世界，揭示自然界的客观规律，它要解决有关自然界"是什么"和"为什么"的问题，从而为人类增加知识财富。

技术的目的在于改造世界，实现对自然物和自然力的利用，它要解决变革自然界"做什么"和"怎么做"的问题，从而为人类增加物质财富。

工程研究的目的和任务不是获得新知识，而是获得新的人工物，是要将人们头脑中的观念形态的东西转化为现实，并以物的形式呈现出来，其核心在于观念的物化。在工程实践中，工程活动在主体头脑中的关于新的人工物的图景是清晰的、明确的，它通过计划、设计以图纸和模型的形式预先显现在人们的观念中。虽然技术开发具有明确的目的，但所开发的技术在未来的应用却不是唯一的。一项通用技术开发出来以后，除了一开始具有相对确定的应用领域，还可以迅速转移到其他应用领域中去，如原子能技术的开发直接目的旨在制造原子弹，但后来主要被应用于核能发电。一个工程要运用多项技术，包括通用

技术和专用技术。通用技术是独立于工程之外的,这类技术的开发与工程本身无关,工程活动中只是把它们拿来应用而已,如计算技术、GPS 技术等,而专用技术则构成了工程研究与开发的主要对象和任务。

5.2　大学工程教育

5.2.1　工程教育认证概念

工程教育认证是指专业认证机构针对高等教育机构开设的工程类专业教育实施的专门性认证,由专门职业或行业协会(联合会)、专业学会会同该领域的教育专家和相关行业企业专家一起进行,旨在为相关工程技术人才进入工业界从业提供预备教育质量保证。

工程教育是我国高等教育的重要组成部分。截至 2013 年,我国普通高校工科毕业生数量达到 2 876 668 人,本科工科在校生数达到 4 953 334 人,本科工科专业布点数达到 15 733 个,总规模已位居世界第一。工程教育在国家工业化进程中,对门类齐全、独立完整的工业体系的形成与发展发挥了不可替代的作用。

工程教育专业认证是国际通行的工程教育质量保障制度,也是实现工程教育国际互认和工程师资格国际互认的重要基础。工程教育专业认证的核心就是要确认工科专业毕业生达到行业认可的既定质量标准要求,是一种以培养目标和毕业要求为导向的合格性评价。工程教育专业认证要求专业课程体系设置、师资队伍配备、办学条件配置等都围绕学生毕业能力达成这一核心任务展开,并强调建立专业持续改进机制和文化以保证专业教育质量和专业教育活力。

5.2.2　工程教育现状及目标

当前,我国高等教育通过现代大学制度建设和广泛的国际交流与合作,不仅总量稳居世界第一,而且办学质量和社会服务能力有了明显提升。但同国际工程教育认证标准相比,我国高等教育尤其是工程教育仍然存在"大而不强,创新乏力"的局面。主要表现为创新人才培养力度不足,创新水平和转化效益不高。工程教育虽然通用能力评价高,传统优势明显,但紧跟时代需求、工程能力培养及工业界参与工科人才培养深度和规范化不足,工程教育主动适应工业发展存在缺失,引领行业发展意识和能力亟须提高。

人才培养是高校的根本任务,人才培养水平是衡量高等教育质量的最终标准。高等学校要进一步增强创新意识、质量意识和特色意识,结合工程教育认证标准、社会及企事业单位的用人需求,深化工程教育人才培养模式改革,重构课程体系,整合和优化课程内容,强化工程实践和创新创业教育,提升学生的创新创业能力,不断提高本科教学质量和人才培养质量,为人力资源强国和创新型国家建设及地方经济社会发展提供有力的人才支撑。

积极推进高等工程教育改革,培养与造就一批高层次、高素质、有创造性,具有国际视野,适应时代要求的工程科技人才,是我国高等工程教育义不容辞的责任和使命。

5.2.3　工程教育认证标准

5.2.3.1　关于工程教育认证标准基本说明

1.适用范围

本标准适用于普通高等学校本科工程教育认证。

2.内容组成

本标准由通用标准和专业补充标准组成。

3.专业要求

申请认证的专业应当提供足够的证据,证明该专业符合本标准要求。

4.术语

本标准在使用到以下术语时,其基本涵义是:

(1)培养目标:是对该专业毕业生在毕业后 5 年左右能够达到的职业和专业成就的总体描述。

(2)毕业要求:是对学生毕业时应该掌握的知识和能力的具体描述,包括学生通过本专业学习所掌握的知识、技能和素养。

(3)评估:是指确定、收集和准备所需资料和数据的过程,以便对毕业要求和培养目标是否达成进行评价。有效的评估需要恰当使用直接的、间接的、量化的、非量化的手段,以便检测毕业要求和培养目标的达成。评估过程中可以包括适当的抽样方法。

(4)评价:是对评估过程中所收集到的资料和证据进行解释的过程。评价过程判定毕业要求与培养目标的达成度,并提出相应的改进措施。

(5)机制:是指针对特定目的而制定的一套规范的处理流程,同时对于该流程涉及的相关人员以及各自承担的角色有明确的定义。

5.复杂工程问题

本标准中所提到的"复杂工程问题"必须具备下述特征(1),同时具备下述特征(2)~(7)的部分或全部:

(1)必须运用深入的工程原理,经过分析才可能得到解决。

(2)涉及多方面的技术、工程和其他因素,并可能相互有一定冲突。

(3)需要通过建立合适的抽象模型才能解决,在建模过程中需要体现出创造性。

(4)不是仅靠常用方法就可以完全解决的。

(5)问题中涉及的因素可能没有完全包含在专业工程实践的标准和规范中。

(6)问题相关各方利益不完全一致。

(7)具有较高的综合性,包含多个相互关联的子问题。

5.2.3.2　通用标准

1.学生

(1)具有吸引优秀生源的制度和措施。

(2)具有完善的学生学习指导、职业规划、就业指导、心理辅导等方面的措施并能够很好地执行落实。

(3)对学生在整个学习过程中的表现进行跟踪与评估,并通过形成性评价保证学生毕业时达到毕业要求。

（4）有明确的规定和相应认定过程，认可转专业、转学学生的原有学分。

2.培养目标

（1）有公开的、符合学校定位的、适应社会经济发展需要的培养目标。

（2）培养目标能反映学生毕业后 5 年左右在社会与专业领域预期能够取得的成就。

（3）定期评价培养目标的合理性并根据评价结果对培养目标进行修订，评价与修订过程有行业或企业专家参与。

3.毕业要求

专业必须有明确、公开的毕业要求，毕业要求应能支撑培养目标的达成。专业应通过评价证明毕业要求的达成。专业制定的毕业要求应完全覆盖以下内容：

（1）工程知识。能够将数学、自然科学、工程基础和专业知识用于解决复杂工程问题。

（2）问题分析。能够应用数学、自然科学和工程科学的基本原理，识别、表达并通过文献研究分析复杂工程问题，以获得有效结论。

（3）设计/开发解决方案。能够设计针对复杂工程问题的解决方案，设计满足特定需求的系统、单元(部件)或工艺流程，并能够在设计环节中体现创新意识，考虑社会、健康、安全、法律、文化以及环境等因素。

（4）研究。能够基于科学原理并采用科学方法对复杂工程问题进行研究，包括设计试验、分析与解释数据并通过信息综合得到合理有效的结论。

（5）使用现代工具。能够针对复杂工程问题，开发、选择与使用恰当的技术、资源、现代工程工具和信息技术工具，包括对复杂工程问题的预测与模拟，并能够理解其局限性。

（6）工程与社会。能够基于工程相关背景知识进行合理分析，评价专业工程实践和复杂工程问题解决方案对社会、健康、安全、法律以及文化的影响，并理解应承担的责任。

（7）环境和可持续发展。能够理解和评价针对复杂工程问题的专业工程实践对环境、社会可持续发展的影响。

（8）职业规范。具有人文社会科学素养、社会责任感，能够在工程实践中理解并遵守工程职业道德和规范，履行责任。

（9）个人和团队。能够在多学科背景下的团队中承担个体、团队成员以及负责人的角色。

（10）沟通。能够就复杂工程问题与业界同行及社会公众进行有效地沟通和交流，包括撰写报告和设计文稿、陈述发言、清晰表达或回应指令，并具备一定的国际视野，能够在跨文化背景下进行沟通和交流。

（11）项目管理。理解并掌握工程管理原理与经济决策方法，并能在多学科环境中应用。

（12）终身学习。具有自主学习和终身学习的意识，有不断学习和适应发展的能力。

4.持续改进

（1）建立教学过程质量监控机制。各主要教学环节有明确的质量要求，通过教学环节、过程监控和质量评价促进毕业要求的达成；定期进行课程体系设置和教学质量的评价。

(2)建立毕业生跟踪反馈机制以及有高等教育系统以外有关各方参与的社会评价机制,对培养目标是否达成进行定期评价。

(3)能证明评价的结果被用于专业的持续改进。

5.课程体系

课程设置能支持毕业要求的达成,课程体系设计有企业或行业专家参与。课程体系必须包括以下几个方面:

(1)与本专业毕业要求相适应的数学与自然科学类课程(至少占总学分的15%)。

(2)符合本专业毕业要求的工程基础类课程、专业基础类课程与专业类课程(至少占总学分的30%)。工程基础类课程和专业基础类课程能体现数学和自然科学在本专业应用能力的培养,专业类课程能体现系统设计和实现能力的培养。

(3)工程实践与毕业设计(论文)(至少占总学分的20%)。设置完善的实践教学体系,并与企业合作,开展实习、实训,培养学生的实践能力和创新能力。毕业设计(论文)选题要结合本专业的工程实际问题,培养学生的工程意识、协作精神以及综合应用所学知识解决实际问题的能力。对毕业设计(论文)的指导和考核有企业或行业专家参与。

(4)人文社会科学类通识教育课程(至少占总学分的15%)。使学生在从事工程设计时能够考虑经济、环境、法律、伦理等各种制约因素。

6.师资队伍

(1)教师数量能满足教学需要,结构合理,并有企业或行业专家作为兼职教师。

(2)教师具有足够的教学能力、专业水平、工程经验、沟通能力、职业发展能力,并且能够开展工程实践问题研究,参与学术交流。教师的工程背景应能满足专业教学的需要。

(3)教师有足够时间和精力投入到本科教学和学生指导中,并积极参与教学研究与改革。

(4)教师为学生提供指导、咨询、服务,并对学生职业生涯规划、职业从业教育有足够的指导。

(5)教师明确他们在教学质量提升过程中的责任,不断改进工作。

7.支持条件

(1)教室、实验室及设备在数量和功能上满足教学需要。有良好的管理、维护和更新机制,使得学生能够方便地使用。与企业合作共建实习和实训基地,在教学过程中为学生提供参与工程实践的平台。

(2)计算机、网络以及图书资料资源能够满足学生的学习以及教师的日常教学和科研所需。资源管理规范、共享程度高。

(3)教学经费有保证,总量能满足教学需要。

(4)学校能够有效地支持教师队伍建设,吸引与稳定合格的教师,并支持教师本身的专业发展,包括对青年教师的指导和培养。

(5)学校能够提供达成毕业要求所必需的基础设施,包括为学生的实践活动、创新活动提供有效支持。

(6)学校的教学管理与服务规范能有效地支持专业毕业要求的达成。

8.专业补充标准

专业必须满足相应的专业补充标准。专业补充标准规定了相应专业在课程体系、师资队伍和支持条件方面的特殊要求。

（各专业补充标准 2015 版未做修订，具体内容略。）

5.3　土木工程师及其工作内容

5.3.1　土木工程师

土木工程师是指从事涉及地上、地下或水中的直接或间接为人类生活、生产、军事、科研服务的房屋、道路、铁路（轨道）、桥梁、隧道、机场、堤坝、港口、电站、海洋平台、运输管道、给水和排水、防护工程等各种工程设施的规划、勘察、设计、建造（施工）、管理和养护的技术人员。

其职位可分为注册土木工程师（港口与航道工程）、注册土木工程师（岩土）、注册土木工程师（水利水电工程）三类。

5.3.2　土木工程专业方向划分

土木工程专业方向划分见表 5-1。

表 5-1　土木工程专业方向划分

土木工程（道路与桥梁）	
培养目标	本专业旨在培养适应现代化建设需要的，有扎实的基础理论和专业知识，有较强的实践能力，从事道路桥梁工程的设计、施工组织管理、经营等方面的高级工程技术人才
主干课程	结构力学 A、结构设计原理（钢结构）、基础工程（道桥）、土木工程项目管理、工程流体力学、道路勘测设计、路基路面工程、钢桥、混凝土桥、桥渡设计
土木工程（铁道工程）	
培养目标	本专业旨在培养适应社会主义现代化需要的，具有扎实的技术基础理论和必要的专业知识、较强的外语和计算机应用能力，有一定的分析解决工程实际问题能力及工程设计能力，有初步的科学研究、科技开发能力和管理能力的铁道工程高级专业技术人才
主干课程	结构力学 A、结构设计原理（下）、基础工程、土木工程项目管理、工程施工管理与概预算、线路工程、路基工程、桥隧工程、工程监理
土木工程（工民建）	
培养目标	本专业旨在培养适应社会主义建设和社会发展需求的，从事房屋建筑工程结构设计、施工组织、工程监理、工程预算和管理工作，并具有较强的计算机应用能力的应用型工程技术人才
主干课程	结构力学 A、混凝土结构设计原理、建筑工程 CAD、土木工程项目管理、工程流体力学、基础工程（工民建及造价）、钢结构 A、结构抗震及高层建筑、工程造价与计价原理、建筑设备

续表 5-1

	土木工程(工程管理)
培养目标	本专业旨在培养具有建筑工程技术的基本知识和现代管理理论、方法和手段的应用型建筑工程高级管理人才。毕业生主要从事建筑工程领域(如房地产业、监理公司、建筑工程咨询企业及相关主管部门等)建筑工程项目规划、项目决策、项目管理等工作
主干课程	工程数学、大学英语、管理学原理、管理运筹学、工程经济学、财务管理学、投资经济学、房屋建筑学、建筑施工与管理、工程估价、工程项目管理、工程合同管理、投资风险管理学、建设与房地产法规
	土木工程(工程造价)
培养目标	本专业旨在培养适应现代化建设需要的,能够从事建设项目投资分析与控制、工程造价的确定与控制,建设工程招标投标、工程造价的管理人才
主干课程	结构力学 A、结构设计原理(钢结构)、基础工程、土木工程项目管理、土木工程施工技术、工程经济学、道路工程(上)、桥梁工程(上)、隧道工程、房屋工程、工程承包与招标投标、项目决策与评价

5.3.3　土木工程专业就业情况

土木工程专业学生毕业后,可以从事众多工作。总体来说,按照土木工程专业不同方向主要就业有以下几种。

5.3.3.1　技术方向

1.代表职位

代表职位包括施工员、建筑工程师、结构工程师、技术经理、项目经理等。

2.代表行业

代表行业包括建筑施工企业、房地产开发企业、路桥施工企业等。

3.典型职业通路

典型职业通路为施工员/技术员—工程师/工长、标段负责人—技术经理—项目经理、总工程师。

4.就业前景

就像我们看到身边的高楼大厦正在不断地拔地而起、一条条宽阔平坦的大道向四面八方不断延伸一样,土木建筑行业对工程技术人才的需求也随之不断增长。2004 年进入各个人才市场招聘工程技术人员的企业共涉及 100 多个行业,其中在很多城市的人才市场上,房屋和土木工程建筑业的人才需求量已经跃居第一位。随着经济发展和路网改造、城市基础设施建设工作的不断深入,土建工程技术人员在当前和今后一段时期内需求量还将不断上升。再加上路桥和城市基础设施的更新换代,只要人才市场上没有出现过度饱合的状况,可以说土木工程技术人员一直有着不错的就业前景。

5.专家建议

随着我国执业资格认证制度的不断完善,土建行业工程技术人员不但需要精通专业知识和技术,还需要取得必要的执业资格证书。工程技术人员的相关执业资格认证主要有全国一、二级注册建筑师,全国注册土木工程师,全国一、二级注册结构工程师等。需要注意的是,这些执业资格认证均需要一定年限的相关工作经验才能报考,因此土木工程专业的毕业生即使走上工作岗位后也要注意知识结构的更新,尽早报考以取得相关的执业资格。想要从事工程技术工作的大学生,在实习中可选择建筑工地上的测量、建材、土工及路桥标段的路基、路面、小桥涵的施工、测量工作。

5.3.3.2　设计、规划

1.代表职位

代表职位包括项目设计师、结构审核(结构施工图审核)、城市规划师、预算员、预算工程师等。

2.代表行业

代表行业包括工程勘察设计单位、房地产开发企业、交通或市政工程类政府机关职能部门、工程造价咨询机构等。

3.就业前景

各种勘察设计院对工程设计人员的需求持续增长,城市规划作为一种新兴职业,随着城市建设的不断深入,也需要更多的现代化设计规划人才。随着咨询业的兴起,工程预算、决算等建筑行业的咨询服务人员也成为土建业内新的就业增长点。

4.典型职业通路

典型职业通路为预算员—预算工程师—高级咨询师。

5.专家建议

此类职位所需要的不仅是要精通专业知识,更要求有足够的大局观和工作经验。一般来说,其薪酬与工作经验成正比。以建筑设计师为例,现代建筑还要求环保和可持续发展,这些都需要建筑设计师拥有扎实的功底以及广博的阅历,同时善于学习,并在实践中去体会。市场上对建筑设计人才大多要求有 5 年以上的工作经验,具有一级注册建筑师资质,并担任过大型住宅或建设工程开发的设计。此类职位也需要取得相应的执业资格证书,如建筑工程师需要通过国家组织的注册建筑师的职业资格考试并拿到"注册建筑师资格证书"才能上岗,预算工程师需要取得注册造价师或预算工程师资格。另外,从事此类职业还需要全方位地加强自身修养,如需要熟悉电脑操作和维护,能熟练运用 CAD 绘制各种工程图以及用软件编制施工生产计划等,有的职位如建筑设计师还需要对人类学、美学、史学,以及不同时代、不同国家的建筑精华有深刻的认知,并且要能融会贯通,锻造出自己的设计风格。这些都需要从学生时代开始积累自己的文化底蕴。实习时应尽量选取一些相关的单位和工作,如房地产估价、工程预算、工程制图等。

5.3.3.3　质量监督

1.代表职位

代表职位包括监理工程师。

2.代表行业

代表行业包括建筑、路桥监理公司,工程质量检测监督部门。

3.就业前景

工程监理是新兴的一个职业,随着我国对建筑、路桥施工质量监管的日益规范,监理行业自诞生以来就面临着空前的发展机遇,并且随着国家工程监理制度的日益完善有着更加广阔的发展空间。

4.典型职业通路

典型职业通路为监理员—资料员—项目直接负责人—专业监理工程师—总监理工程师。

5.专家建议

监理行业是一个新兴行业,因此也是一个与执业资格制度结合得相当紧密的行业,其职位的晋升与个人资质的取得密切相关。一般来说,监理员需要取得省监理员上岗证,项目直接负责人需要取得省监理工程师或监理员上岗证,要求工作经验丰富、有较强的工作能力。专业监理工程师需要取得省监理工程师上岗证,总监理工程师需要取得国家注册监理工程师职业资格证。土木工程专业的大学生想要进入这个行业,在校期间就可以参加省公路系统、建筑系统举办的监理培训班,通过考试后取得监理员上岗证,此后随工作经验的增加考取相应级别的执业资格证书。在实习期间,可选择与路桥、建筑方向等与自己所学方向相一致的监理公司,从事现场监理、测量、资料管理等工作。

5.3.3.4　教学及科研

1.代表职位

代表职位包括公务员、教师。

2.代表行业

代表行业包括交通、市政管理部门、大中专院校、科研及设计单位。

3.就业前景

公务员制度改革为普通大学毕业生打开了进入政府机关工作的大门,路桥、建筑行业的飞速发展带来的巨大人才需要使得土木工程专业师资力量的需求随之增长,但需要注意的是,这些行业的竞争一般较为激烈,需要求职者具有较高的专业水平和综合素质。

4.专家建议

想要从事此类行业,一方面在校期间要学好专业课,使自己具有较高的专业水平;另一方面要特别注意理论知识的学习和个人综合素质的培养,使自己具备较高的普通话、外语、计算机水平和较好的应变能力。

5.4　土木工程师应具备的条件与注册制度

土木工程专业毕业后,可以根据不同工作内容和性质,报名参加不同的注册证书考试,注册考试的相关内容及注册制度如下。

5.4.1　注册一级建造师

一级建造师考试是由住建部与人社部共同组织的执业资格考试,是针对工程项目管

理人员的执业资格考试,该证书(见图 5-1)是
担任大型工程项目经理的前提条件。

5.4.1.1　考试时间

考试时间为每年 9 月中旬。

5.4.1.2　考试内容

一级建造师执业资格考试设《建设工程
经济》《建设工程法规及相关知识》《建设工
程项目管理》和《专业工程管理与实务》4 个
科目。

其中《专业工程管理与实务》科目分为建
筑工程(合并)、公路工程、铁路工程、民航机
场工程、港口与航道工程、水利水电工程、市
政公用工程、通信与广电工程、矿业工程、机
电工程(合并) 10 个专业类别,考生在报名时
可根据实际工作需要选择其一。

图 5-1　一级建造师注册证书

5.4.1.3　报考条件

(1)取得工程类或工程经济类大学专科学历,工作满6年,其中从事建设工程项目施
工管理工作满 4 年。

(2)取得工程类或工程经济类大学本科学历,工作满 4 年,其中从事建设工程项目施
工管理工作满 3 年。

(3)取得工程类或工程经济类双学士学位或研究生班毕业,工作满 3 年,其中从事建
设工程项目施工管理工作满 2 年。

(4)取得工程类或工程经济类硕士学位,工作满 2 年,其中从事建设工程项目施工管
理工作满 1 年。

(5)取得工程类或工程经济类博士学位,其中从事建设工程项目施工管理工作满 1
年。

5.4.2　注册二级建造师

为了加强建设工程项目管理,提高工程项目总承包及施工管理专业技术人员素质,规
范施工管理行为,保证工程质量和施工安全,根据《中华人民共和国建筑法》第 14 条规
定:从事建筑活动的专业技术人员,应当依法取得相应的执业资格证书,并在执业证书许
可的范围内从事建筑活动。2003 年 2 月 27 日国务院规定:取消建筑施工企业项目经理
资质核准,由注册建造师代替,并设立过渡期。设立二级建造师执业资格考试,由人事部、
建设部共同负责。

5.4.2.1　考试时间

考试时间为每年 6 月初。

5.4.2.2　考试内容

二级建造师执业资格考试分综合考试和专业考试,综合考试包括《建设工程施工管

理》和《建设工程法规及相关知识》两个科目,这两个科目为各专业考生统考科目。

专业考试为《专业工程管理与实务》一个科目,该科目分为6个专业,即建筑工程、公路工程、水利水电工程、矿业工程、机电工程和市政公用工程。考生在报名时根据工作需要和自身条件选择一个专业进行考试。

5.4.2.3　报考条件

1.具体条件

凡遵纪守法,具备工程类或工程经济类中专及以上学历并从事建设工程项目施工管理工作满2年,即可报名参加二级建造师执业资格考试。

2.免试条件

符合二级建造师报名条件,取得一级、二级建造师临时执业证书或建筑业企业二级以上项目经理证书,并符合下列条件之一的人员,可免试相应科目:

(1)具有中级以上专业技术职称,从事建设项目施工管理工作满15年,可免试《建设工程施工管理》科目。

(2)取得一级建造师临时执业证书或一级项目经理证书,并具有中级及以上技术职称;取得一级建造师临时执业证书或一级项目经理资质证书,并从事建设项目施工管理工作满15年,均可免试《建设工程施工管理》和《建设工程法规及相关知识》2个科目。

5.4.3　注册造价工程师

注册造价工程师是指由国家授予资格并准予注册后执业,专门接受某个部门或某个单位的指定、委托或聘请,负责并协助其进行工程造价的计价、定价及管理业务,以维护其合法权益的工程经济专业人员。国家在工程造价领域实施造价工程师执业资格制度。凡从事工程建设活动的建设、设计、施工、工程造价咨询、工程造价管理等单位和部门,必须在计价、评估、审查(核)、控制及管理等岗位配套有造价工程师执业资格的专业技术人员。

5.4.3.1　考试时间

考试时间为每年10月下旬。

5.4.3.2　考试内容

考试科目有《技术与计量》《管理理论与法规》《计价与控制》《案例分析》。

5.4.3.3　报考条件

凡中华人民共和国公民,遵纪守法并具备以下条件之一者,均可申请参加造价工程师执业资格考试:

(1)工程造价专业大专毕业,从事工程造价业务工作满5年;工程或工程经济类大专毕业,从事工程造价业务工作满6年。

(2)工程造价专业本科毕业,从事工程造价业务工作满4年;工程或工程经济类本科毕业,从事工程造价业务工作满5年。

(3)获上述专业第二学士学位或研究生班毕业和获硕士学位,从事工程造价业务工作满3年。

(4)获上述专业博士学位,从事工程造价业务工作满2年。

5.4.4　注册招标工程师

注册招标工程师是指根据《中华人民共和国招标投标法》和国家职业资格证书制度的有关规定,自行办理招标事宜的单位和在依法设立的招标代理机构中专门从事招标活动的专业技术人员,通过职业水平评价,取得招标采购专业技术人员职业水平证书,具备招标采购专业技术岗位工作的水平和能力。

5.4.4.1　考试时间

考试时间为每年 10 月下旬。

5.4.4.2　考试内容

考试科目包括《招标采购法律法规与政策》《项目管理与招标采购》《招标采购专业实务》《招标采购案例分析》。

5.4.4.3　报考条件

(1)取得经济学、工学、法学或管理学类专业大学专科学历,工作满 6 年,其中从事招标采购专业工作满 4 年。

(2)取得经济学、工学、法学或管理学类专业大学本科学历,工作满 4 年,其中从事招标采购专业工作满 3 年。

(3)取得含经济学、工学、法学或管理学类专业在内的双学士学位或者研究生班毕业,工作满 3 年,其中从事招标采购专业工作满 2 年。

(4)取得经济学、工学、法学或管理学类专业硕士学位,工作满 2 年,其中从事招标采购专业工作满 1 年。

(5)取得经济学、工学、法学或管理学类专业博士学位,从事招标采购专业工作满 1 年。

(6)取得其他学科门类上述学历或者学位的,其从事招标采购专业工作的年限相应增加 2 年。

5.4.5　注册给水排水工程师

注册给水排水工程师与住宅、建筑群、城市等的水供给、水排放、水处理等相关联。水是生命之源,城市离不开水,所以也离不开给水排水工程师。我国的水处理率现在只能做到 50%,这意味着还有 50% 的城市污水是直接排放的,所以我国需要再增加 20% 的污水处理能力,这无疑加大了对给水排水工程师质量和数量的要求。

5.4.5.1　考试时间

考试时间为每年 9 月上旬。

5.4.5.2　考试内容

考试科目包括《公共基础(数理化)》《公共基础(力学)》《公共基础(电气与信息技术)》《公共基础(法律与工程经济)》。

5.4.5.3　报考条件

1.申请参加基础考试资格

(1)取得本专业或相近专业大学本科及以上学历或学位。

(2)取得本专业或相近专业大学专科学历,累计从事公用设备专业工程设计工作满 1 年。

(3)取得其他工科专业大学本科及以上学历或学位,累计从事公用设备专业工程设计工作满 1 年。

2.专业考试

基础考试合格,并具备以下条件之一者,可申请参加专业考试:

(1)取得本专业博士学位后,累计从事公用设备专业工程设计工作满 2 年;或取得相近专业博士学位后,累计从事公用设备专业工程设计工作满 3 年。

(2)取得本专业硕士学位后,累计从事公用设备专业工程设计工作满 3 年;或取得相近专业硕士学位后,累计从事公用设备专业工程设计工作满 4 年。

(3)取得含本专业在内的双学士学位或本专业研究生班毕业后,累计从事公用设备专业工程设计工作满 4 年;或取得相近专业双学士学位或研究生班毕业后,累计从事公用设备专业工程设计工作满 5 年。

(4)取得通过本专业教育评估的大学本科学历或学位后,累计从事公用设备专业工程设计工作满 4 年;或取得未通过本专业教育评估的大学本科学历或学位后,累计从事公用设备专业工程设计工作满 5 年;或取得相近专业大学本科学历或学位后,累计从事公用设备专业工程设计工作满 6 年。

(5)取得本专业大学专科学历后,累计从事公用设备专业工程设计工作满 6 年;或取得相近专业大学专科学历后,累计从事公用设备专业工程设计工作满 7 年。

(6)取得其他工科专业大学本科及以上学历或学位后,累计从事公用设备专业工程设计工作满 8 年。

5.4.6　注册设备监理师

注册设备监理师是指通过全国统一考试,取得《中华人民共和国注册设备监理师执业资格证书》,并经注册后,根据设备监理合同独立执行设备工程监理业务的专业技术人员。

2005 年我国首次展开了注册设备监理师执业资格的考试工作。该考试包括如下 4 个科目:《设备工程监理基础及相关知识》《设备监理合同管理》《质量、投资、进度控制》《设备监理综合实务与案例分析》。实行两年为一个周期的滚动管理办法,即两年内累积通过所有 4 个科目的考试,部分人员免试两科,实行一年通过。

5.4.6.1　考试时间

考试时间为每年 9 月上旬。

5.4.6.2　考试内容

设备工作监理基础及相关知识:《设备监理合同管理》、三控之一《设备工程监理质量控制》、三控之二《设备工程监理投资控制》、三控之三《设备工程监理进度控制》《设备监理综合实务与案例分析》。

5.4.6.3　报考条件

凡中华人民共和国公民,遵守国家法律、法规,按照《工程技术人员职务试行条例》规定评聘为工程师专业技术职务,并具备下列条件之一者,可申请参加注册设备监理师执业资格考试:

(1)取得工程技术专业中专学历,累计从事设备工程专业工作满 20 年。

（2）取得工程技术专业大学专科学历，累计从事设备工程专业工作满 15 年。

（3）取得工程技术专业大学本科学历，累计从事设备工程专业工作满 10 年。

（4）取得工程技术专业硕士以上学位，累计从事设备工程专业工作满 5 年。

5.4.7　注册结构工程师

注册结构工程师分为一级注册结构工程师（见图 5-2）和二级注册结构工程师。注册结构工程师是指经全国统一考试合格，依法登记注册，取得中华人民共和国注册结构工程师执业资格证书和注册证书，从事桥梁结构及塔架结构等工程设计及相关业务的专业技术人员。

其中，一级注册结构工程师的执业范围不受工程规模和工程复杂程度的限制，二级注册结构工程师的执业范围只限于承担国家规定的民用建筑工程等级分级标准三级项目。

结构工程师设计的主要文件（图纸）中，除应注明设计单位资格和加盖单位公章外，还必须在结构设计图的右下角由主持该项设计的注册结构工程师签字并加盖其执业专用章，方为有效。否则设计审查部门不予审查，建设单位不得报建，施工单位不准施工。

一级注册结构工程师设基础考试和专业考试两部分。其中，基础考试为客观题，在答题卡上作答；专业考试采取主、客观相结合的考试方法，即要求考生在填涂答题卡的同时，在答题纸上写出计算过程。基础考试为闭卷考试。专业考试为开卷考试，考试时允许考生携带正规出版的各种专业规范和参考书目。

图 5-2　一级注册结构工程师执业资格证书

5.4.7.1　考试时间

考试时间为每年 9 月上旬。

5.4.7.2　考试内容

考试内容见表 5-2 和表 5-3。

表 5-2　一级注册结构工程师基础课考试主要内容

课程名称	分值	课程名称	分值	课程名称	分值
高等数学	24	普通物理	12	普通化学	12
理论力学	13	材料力学	15	流体力学	12
计算机应用基础	10	电工电子技术	12	工程经济	10
土木工程材料	14	工程测量	10	职业法规	8
土木工程施工与管理	10	结构设计	24	结构力学	30
结构试验	10	土力学与地基基础	14		

表 5-3　一级注册结构工程师专业课考试主要内容

课程名称	分值	课程名称	分值	课程名称	分值
钢筋混凝土结构	15	钢结构	14	砌体结构与木结构	14
地基与基础	14	高层建筑、高耸结构与横向作用	15	桥梁结构	8

5.4.7.3　报考条件

报考条件见表 5-4、表 5-5。

表 5-4　一级注册结构工程师报考条件

类别	专业名称	学历或学位	职业实践最少时间
本专业	结构工程	工学硕士或研究生毕业及以上学位	4 年
	建筑工程 （不含岩土工程）	评估通过并在合格有效期内的工学学士学位	4 年
		未通过评估的工学学士学位或本科毕业	5 年
		专科毕业	6 年
相近专业	建筑工程的岩土工程 交通土建工程 矿井建设 水利水电建筑工程 港口航道及治河工程 海岸与海洋工程 农业建筑与环境工程 建筑学 工程力学	工学硕士或研究生毕业及以上学位	5 年
		工学学士或本科毕业	6 年
		专科毕业	7 年

表 5-5　二级注册结构工程师报考条件

类别	专业名称	学历和学位	职业实践最少时间
本专业	工业与民用建筑 建筑工程 土木工程 土木工程、建筑工程方向 桥梁与隧道工程	本科及以上学历	2 年
		普通大专毕业	3 年
		成人大专毕业	4 年
		普通中专毕业	6 年
		成人中专毕业	7 年
相近专业	土木工程、非建筑工程方向 交通土建工程 矿井建设 水电水利建筑工程 港口航道与治河工程 海岸与海洋工程 农业建筑与环境工程 建筑学 工程力学 建筑设计技术	本科以上学历	4 年
		普通大专学历	6 年
		成人大专毕业	7 年
		普通中专毕业	9 年
		成人中专毕业	10 年

续表 5-5

类别	专业名称	学历和学位	职业实践最少时间
相近专业	村镇建设 公路与桥梁 城市地下铁道 铁道工程 铁道桥梁与隧道 小型土木工程 水利水电工程建筑 水利工程 港口与航道工程		

5.4.8　一级注册建筑师

　　国家对从事人类生活与生产服务的各种民用与工业房屋及群体的综合设计、室内外环境设计、建筑装饰装修设计,建筑修复、建筑雕塑、有特殊建筑要求的构筑物的设计,从事建筑设计技术咨询,建筑物调查与鉴定,对本人主持设计的项目进行施工指导和监督等专业技术工作的人员,实施注册建筑师执业资格制度。注册建筑师是依法取得注册建筑师资格证书,在一个建筑设计单位内执行注册建筑师业务的人员。根据国务院《关于取消和调整一批行政审批项目等事项的决定》于 2014 年 11 月 24 日取消行政审批。

5.4.8.1　考试时间
　　考试时间为每年 5 月中旬。

5.4.8.2　考试内容
　　考试内容包括①设计前期与场地设计(知识);②建筑设计(知识);③建筑结构;④建筑物理与设备;⑤建筑材料与构造;⑥建筑经济、施工及设计业务管理;⑦建筑方案设计(作图);⑧建筑技术设计(作图);⑨场地设计(作图)。

5.4.8.3　报考条件
　　报考条件见表 5-6。

表 5-6　一级注册建筑师报考条件

专业	学位或学历	职业实践最少时间	
建筑学 建筑设计	本科及以上	建筑学硕士或以上毕业	2 年
		建筑学学士	3 年
		五年制工学学士毕业	5 年
		四年制工学学士毕业	7 年
	专科	三年制毕业	9 年
		两年制毕业	10 年

续表 5-6

专业	学位或学历	职业实践最少时间	
城市规划 城乡规划 建筑工程 房屋建筑工程 风景园林 建筑装饰技术	本科及以上	工学博士毕业	2 年
		工学硕士或研究生毕业	6 年
		五年制工学学士毕业	7 年
		四年制工学学士毕业	8 年
	专科	三年制毕业	10 年
		两年制毕业	11 年
其他工科	本科及以上	工学硕士或研究生毕业	7 年
		五年制工学学士毕业	8 年
		四年制工学学士毕业	9 年

5.4.9 二级注册建筑师

二级注册建筑师是指经全国统一考试合格后,取得《全国二级注册建筑师执业资格证书》并依法登记注册,取得《中华人民共和国二级注册建筑师证书》,在一个建筑单位内执行注册建筑师业务的人员。取得《全国二级注册建筑师执业资格证书》的人员经相关部门进行注册后方可称为国家二级注册建筑师。

5.4.9.1 考试时间

考试时间为每年 5 月中旬。

5.4.9.2 考试内容

考试内容包括①建筑设计(作图);②建筑构造与详图(作图);③建筑结构与设备;④法律、法规、经济与施工。

5.4.9.3 报考条件

报考条件见表 5-7。

表 5-7 注册二级建筑师报考条件

专业	中专(不含职业中专)	职业实践最少时间	
中专 (不含职业中专)	建筑学(建筑设计技术)	四年制毕业(含高中起点三年制)	5 年
	建筑学(建筑设计技术)	三年制毕业(含高中起点二年制)	7 年
	相近专业	四年制毕业(含高中起点三年制)	8 年
	相近专业	三年制毕业(含高中起点二年制)	10 年
	建筑学(建筑设计技术)	三年制成人中专毕业	8 年
	相近专业	三年制成人中专毕业	10 年

续表 5-7

专业	中专(不含职业中专)	职业实践最少时间	
大专	建筑学（建筑设计技术）	大专毕业	3 年
	相近专业	大专毕业	4 年
本科及以上	建筑学	大学本科（含以上）毕业	2 年
	相近专业	大学本科（含以上）毕业	3 年

5.4.10　注册公路监理工程师

注册公路监理工程师是指经全国公路工程监理工程师执业资格考试,取得监理工程师执业资格证书,并经岗位登记从事公路工程监理的专业人员。

它包含三层含义:一是从事公路工程监理工作的现职专业人员;二是已通过全国公路工程监理工程师资格考试并取得交通主管部门确认的《监理工程师资格证书》;三是经监理工程师岗位登记。

5.4.10.1　考试时间

考试时间为每年 10 月中旬。

5.4.10.2　考试内容

注册公路监理工程师考试是由交通部组织的全国统一考试,考试内容包括以下 5 科:《监理理论》《合同管理》《经济系列》《工程系列》《综合考试》。

5.4.10.3　报考条件

(1)遵守国家法律、法规和职业道德,工作业绩良好,热爱监理工作。

(2)取得工程类或经济类中级以上专业技术职务任职资格。

(3)年龄在 65 周岁以下,身体健康,能胜任现场监理工作。

(4)报考注册公路监理工程师者须具有公路、水运工程或相关专业大专(含)以上学历,从事公路或水运工程及相关专业技术工作累计 5 年(含)以上;报考专业监理工程师者须具有公路、水运工程或相关专业中专(含)以上学历,从事公路或水运工程及相关专业技术工作累计 3 年(含)以上。

5.4.11　注册土木工程师(岩土)

注册土木工程师(岩土)即岩土工程师,主要研究岩土构成物质的工程特性。岩土工程师首先研究从工地采集的岩土样本以及岩土样本中的数据,然后计算出工地上的建筑所需的结构。地基、桩、挡土墙、水坝、隧道等的设计都需要岩土工程师为其提供建议。

5.4.11.1　考试时间

考试时间为每年 9 月上旬。

5.4.11.2　考试内容

基础考试为闭卷,包括专业知识考试和专业案例考试。专业考试为开卷考试。

5.4.11.3　报考条件

考试分为基础考试和专业考试。参加基础考试合格并按规定完成职业实践年限者，方能报名参加专业考试。

凡中华人民共和国公民，遵守国家法律、法规，恪守职业道德，并具备相应专业教育和职业实践条件者，只要符合下列条件，均可报考全国注册土木工程师（岩土）（见图5-3）执业资格考试。

1.基础考试

具备以下条件之一者，可申请参加基础考试：

（1）取得本专业或相近专业大学本科及以上学历或学位。

（2）取得本专业或相近专业大学专科学历，从事岩土工程专业工作满1年。

（3）取得其他工科专业大学本科及以上学历或学位，从事岩土工程专业工作满1年。

2.专业考试

基础考试合格，并具备以下条件之一者，可申请参加专业考试：

图5-3　注册土木工程师（岩土）
执业资格证书

（1）取得本专业博士学位，累计从事岩土工程专业工作满2年；或取得相近专业博士学位，累计从事岩土工程专业工作满3年。

（2）取得本专业硕士学位，累计从事岩土工程专业工作满3年；或取得相近专业硕士学位，累计从事岩土工程专业工作满4年。

（3）取得含本专业在内的双学士学位或本专业研究生班毕业，累计从事岩土工程专业工作满4年；或取得含相近专业在内双学士学位或研究生班毕业，累计从事岩土工程专业工作满5年。

（4）取得本专业大学本科学历，累计从事岩土工程专业工作满5年；或取得相近专业大学本科学历，累计从事岩土工程专业工作满6年。

（5）取得本专业大学专科学历，累计从事岩土工程专业工作满6年；或取得相近专业大学专科学历，累计从事岩土工程专业工作满7年。

（6）取得其他工科专业大学本科及以上学历或学位，累计从事岩土工程专业工作满8年。

5.4.12　注册暖通工程师

暖通工程师是指从事供热工程、通风与空调工程、锅炉与锅炉房设备、施工技术、安装工程预算与施工组织管理等工作的人员。

其工作职责是制订工程项目中的暖通工程具体施工工程方案，现场指导暖通工程施工过程，并提供技术支持。

5.4.12.1　考试时间

考试时间为每年 9 月上旬。

5.4.12.2　考试内容

考试内容包括流体力学、热工学基础、供热工程、通风与空调工程、锅炉与锅炉房设备、建筑给水排水工程、制冷技术、施工技术、安装工程预算与施工组织管理等。设置的专业方向包括制冷与空调。就业领域是供热通风与空调领域的设计、施工、监理与管理部门。

5.4.12.3　报考条件

1.基础考试

具备以下条件之一者,可申请参加基础考试:

(1)取得本专业(指公用设备专业工程中的暖通空调、动力、给水排水专业,下同)或相近专业大学本科及以上学历或学位。

(2)取得本专业或相近专业大学专科学历,累计从事公用设备专业工程设计工作满 1 年。

(3)取得其他工科专业大学本科及以上学历或学位,累计从事公用设备专业工程设计工作满 1 年。

2.专业考试

基础考试合格,并具备以下条件之一者,可申请参加专业考试:

(1)取得本专业博士学位后,累计从事公用设备专业工程设计工作满 2 年;或取得相近专业博士学位后,累计从事公用设备专业工程设计工作满 3 年。

(2)取得本专业硕士学位后,累计从事公用设备专业工程设计工作满 3 年;或取得相近专业硕士学位后,累计从事公用设备专业工程设计工作满 4 年。

(3)取得含本专业在内的双学士学位或本专业研究生班毕业后,累计从事公用设备专业工程设计工作满 4 年;或取得相近专业双学士学位或研究生班毕业后,累计从事公用设备专业工程设计工作满 5 年。

(4)取得通过本专业教育评估的大学本科学历或学位后,累计从事公用设备专业工程设计工作满 4 年;或取得未通过本专业教育评估的大学本科学历或学位后,累计从事公用设备专业工程设计工作满 5 年;或取得相近专业大学本科学历或学位后,累计从事公用设备专业工程设计工作满 6 年。

(5)取得本专业大学专科学历后,累计从事公用设备专业工程设计工作满 6 年;或取得相近专业大学专科学历后,累计从事公用设备专业工程设计工作满 7 年。

(6)取得其他工科专业大学本科及以上学历或学位后,累计从事公用设备专业工程设计工作满 8 年。

第6章　土木工程与工程管理专业教学体系

按教育部1998年颁布的《普通高等学校本科专业目录》,土木工程本科专业属于工学门类的土建类专业,代码为080703,与建筑学、城市规划、建筑环境与设备工程、给水排水工程并列。在本科引导性专业目录中,土木工程(080703Y)涵盖土木工程、给水排水工程、水利水电工程。在国务院学位委员会颁布的研究生教育目录中,土木工程学科一级学科下设有岩土工程、结构工程、市政工程、供热供燃气通风及空调工程、防灾减灾工程及防护工程、桥梁与隧道工程等六个二级学科。

本章选取了《全国土木工程本科指导性专业规范》和《高等学校工程管理指导性专业规范》的部分内容作为本章的主要内容,开设土木工程专业和工程管理专业的高校可以参考本章内容进行教学,编制人才培养方案和教学执行计划。

6.1　土木工程专业教学体系

6.1.1　土木工程专业的学科基础

土木工程是建筑、岩土、地下建筑、桥梁、隧道、道路、铁路、矿山建筑、港口等工程的统称,其内涵为用各种建筑材料修建上述工程时的生产活动和相关的工程技术,包括勘察、设计、施工、维修、管理等。

土木工程的主干学科为结构工程学、岩土工程学、流体力学等;重要基础支撑学科有数学、物理学、化学、力学、材料学、计算机科学与技术等。

土木工程的主要工程对象为建筑工程、道路与桥梁工程、地下建筑与隧道工程、铁道工程等。

6.1.2　培养目标

培养适应社会主义现代化建设需要,德、智、体、美全面发展,掌握土木工程学科的基本原理和基本知识,经过工程师基本训练,能胜任房屋建筑、道路、桥梁、隧道等各类工程的技术与管理工作,具有扎实的基础理论、宽广的专业知识,较强的实践能力和创新能力,具有一定的国际视野,能面向未来的高级专门人才。

毕业生能够在有关土木工程的勘察、设计、施工、管理、教育、投资和开发、金融与保险等部门从事技术或管理工作。

6.1.3　土木工程专业培养规格

6.1.3.1　思想品德

具有高尚的道德品质和良好的科学素质、工程素质和人文素养,能体现哲理、情趣、品味等方面的较高修养,具有求真务实的态度以及实干创新的精神,有科学的世界观和正确的人生观,愿为国家富强、民族振兴服务。

6.1.3.2　知识结构

具有基本的人文社会科学知识,熟悉哲学、政治学、经济学、法学等方面的基本知识,了解文学、艺术等方面的基础知识;掌握工程经济、项目管理的基本理论;掌握一门外国语;具有较扎实的自然科学基础,了解数学、现代物理、信息科学、工程科学、环境科学的基本知识,了解当代科学技术发展的主要趋势和应用前景;掌握力学的基本原理和分析方法,掌握工程材料的基本性能和选用原则,掌握工程测绘的基本原理和方法、工程制图的基本原理和方法,掌握工程结构及构件的受力性能分析和设计计算原理,掌握土木工程施工的一般技术和过程以及组织和管理、技术经济分析的基本方法;掌握结构选型、构造设计的基本知识,掌握工程结构的设计方法、CAD 软件和其他软件应用技术;掌握土木工程现代施工技术、工程检测和试验基本方法,了解本专业的有关法规、规范与规程;了解给水与排水、供热通风与空调、建筑电气等相关知识,了解土木工程机械、交通、环境的一般知识;了解本专业的发展动态和相邻学科的一般知识。

6.1.3.3　能力结构

具有综合运用各种手段查询资料、获取信息、拓展知识领域、继续学习的能力;具有应用语言、图表和计算机技术等进行工程表达和交流的基本能力;掌握至少一门计算机高级编程语言并能运用其解决一般工程问题;具有计算机、常规工程测试仪器的运用能力;具有综合运用知识进行工程设计、施工和管理的能力;经过一定环节的训练后,具有初步的科学研究或技术研究、应用开发等创新能力。

6.1.3.4　身心素质

具有健全的心理素质和健康的体魄,能够履行从事土木工程专业从业人员的职责和保卫祖国的神圣义务。

有自觉锻炼身体的习惯和良好的卫生习惯,身体健康,有充沛的精力承担专业任务;养成良好的生活习惯,无不良行为。心理健康,认知过程正常,情绪稳定、乐观,经常保持心情舒畅,处处事事表现出乐观、积极向上的态度,对生活充满热爱、向往、乐趣;积极工作,勤奋学习。意志坚强,能正确面对困难和挫折,有奋发向上的朝气。人格健全,有正常的性格、能力和价值观;人际关系好,沟通能力强,团队协作精神好。有较强的应变能力,在自然环境和社会环境变化中有适应能力,能按照环境的变化调整生活的节奏,使身体能较快适应新环境的需要。

6.1.4　专业教学内容

土木工程专业的教学内容分为专业知识体系、专业实践体系和大学生创新训练三部分,它们由有序的课堂教学、实践教学和课外活动完成,目的在于利用各种环节培养土木工程专业人才,使其具有符合要求的基本知识、能力和专业素质。

6.1.4.1　土木工程专业知识体系

1.组成

土木工程专业的知识体系由以下四部分组成:

（1）工具性知识体系。

（2）人文社会科学知识体系。

（3）自然科学知识体系。

（4）专业知识体系。

每个知识体系所包含的知识领域见表6-1和表6-2。

表6-1　工具、人文、自然科学知识体系中的知识领域（1 110学时）

序号	知识体系	知识领域			推荐课程
		序号	描述	推荐学时	
1	工具性知识（372）	1	外国语	240	大学英语、科技与专业外语、计算机信息技术、文献检索、程序设计语言
		2	信息科学技术	72	
		3	计算机技术与应用	60	
2	人文社会科学知识（332）	1	哲学	204	毛泽东思想和中国特色社会主义理论体系、马克思主义基本原理、中国近代史纲要、思想道德修养与法律基础、经济学基础、管理学基础、心理学基础、大学生心理、体育
		2	政治学		
		3	历史学		
		4	法学		
		5	社会学		
		6	经济学		
		7	管理学		
		8	心理学		
		9	体育	128	
		10	军事	3周	
3	自然科学知识（406）	1	数学	214	高等数学、线性代数、概率论与数理统计、大学物理、物理试验、工程化学、环境保护概论
		2	物理学	144	
		3	化学	32	
		4	环境科学基础	16	

表6-2　专业知识体系中的知识领域（712学时）

序号	知识领域	知识单元	知识点	推荐课程	推荐学时
1	力学原理与方法	36	142	理论力学、材料力学、结构力学、流体力学、土力学	256
2	专业技术相关基础	33	125	土木工程材料、土木工程概论、工程地质、土木工程制图、土木工程测量、土木工程试验	182
3	工程项目经济与管理	3	20	建设工程项目管理、建设工程法规、建设工程经济	48
4	结构基本原理和方法	22	94	工程荷载与可靠度设计原理、混凝土结构基本原理、钢结构基本原理、基础工程	150

续表 6-2

序号	知识领域	知识单元	知识点	推荐课程	推荐学时
5	施工原理和方法	12	42	土木工程施工技术、土木工程施工组织	56
6	计算机应用技术	1	2	土木工程计算机软件应用	20
	总计	107	425	21 门	712

2.土木工程专业的专业知识体系

专业知识体系的核心部分分布在以下六个知识领域内:

(1)力学原理和方法。

(2)专业技术相关基础。

(3)工程项目经济与管理。

(4)结构基本原理和方法。

(5)施工原理和方法。

(6)计算机应用技术。

这六个知识领域涵盖了土木工程的所有知识范围,包含的内容十分广泛。掌握了这些领域中的核心知识及其运用方法,就具备了从事土木工程的理论分析、设计、规划、建造、维护保养和管理等方面工作的基础。上述知识领域中的 107 个核心知识单元及其 425 个知识点的集合,即构成了高等院校土木工程专业学生的必修知识。遵循专业规范内容最小化的原则,本书只对上述知识领域中的核心知识单元及对应的知识点做出了规定。

6.1.4.2 专业实践体系

专业实践体系包括各类试验、实习、设计和社会实践以及科研训练等形式。具有非独立设置和独立设置的基础、专业基础和专业的实践教学环节,每一个实践环节都应有相应的知识点和技能要求。

专业实践体系分实践领域、实践单元、知识与技能点三个层次。它们都是土木工程专业的核心内容。通过实践教育,培养学生具有试验技能、工程设计和施工的能力、科学研究的初步能力等。

1.试验领域

试验领域包括基础试验、专业基础试验和专业及研究性试验三个环节。基础试验实践环节包括普通物理试验、普通化学试验等实践单元;专业基础试验实践环节包括材料力学试验、流体力学试验、土木工程材料试验、混凝土基本构件试验、土力学试验、土木工程测试技术等实践单元;专业试验实践环节包括按专业方向安排的相关的土木工程专业试验单元;研究性试验实践环节可作为拓展能力的培养,不做统一要求,由各校自己掌握。

2.实习领域

实习领域包括认识实习、课程实习、生产实习和毕业实习四个实践知识与技能单元。认识实习实践环节按土木工程专业核心知识的相关要求安排实践单元,可重点选择一个专业方向的相关内容。课程实习实践环节包括工程测量、工程地质及与专业方向有关的课程实习实践单元。生产实习与毕业实习实践环节的实践单元按专业方向安排相关内容。

　　3.设计领域

　　设计领域包括课程设计和毕业设计(论文)两个实践环节。课程设计与毕业设计(论文)的实践单元按专业方向安排相关内容。

6.1.4.3　大学生创新训练

　　土木工程专业人才的培养体现知识、能力、素质协调发展的原则,特别强调大学生创新思维、创新方法和创新能力的培养。在培养方案中要运用循序渐进的方式,从低年级到高年级有计划地进行创新训练。各校要注意以知识体系为载体,在课堂知识教育中进行创新训练;以实践体系为载体,在试验、实习和设计中进行创新训练;选择合适的知识单元和实践环节,提出创新思维、创新方法、创新能力的训练目标,构建成为创新训练单元。提倡和鼓励学生参加创新活动,如土木工程大赛、大学生创新实践训练等。有条件的学校可以开设创新训练的专门课程,如创新思维和创新方法、本学科研究方法、大学生创新性试验等,这些创新训练课程也应纳入学校的培养方案中。

6.1.5　土木工程专业的课程体系

　　《全国土木工程本科指导性专业规范》是土木工程专业人才培养的目标导则。各校构建的土木工程专业课程体系应提出达到培养目标所需完成的全部教学任务和相应要求,并覆盖所有核心知识点和技能点,同时也要给出足够的课程供学生选修。

　　一门课程可以包含取自若干个知识领域的知识点,一个知识领域中知识单元的内容按知识点也可以分布在不同的课程中,但要求课程体系中的核心课程实现对全部核心知识单元的完整覆盖。

　　本专业规范在知识体系中推荐核心课程42门,计1 822个最少课内教学学时数(见表6-1和表6-2);以及44个最少课内试验学时数,课内教学和试验教学的学时分析见表6-3。

表6-3　课内教学和试验教学的学时数

知识体系	工具、人文、自然科学知识体系学时数(周数)	专业知识体系学时数(周数)	选修学时数	
			推荐的专业方向选修学时数(周数)	剩余学时数(周数)
专业知识体系 (按2 500学时统计)	1 110学时	712+44学时	264学时	370学时
	44.4%	30.2%	25.4%	
专业实践体系 (按40周统计)	62学时+3周	32周	—	4周
		约90.0%		约10.0%

6.2　工程管理专业教学体系

6.2.1　学科基础

　　《高等学校工程管理指导性专业规范》所称工程管理专业,是指教育部2012年颁布的《普通高等学校本科专业目录》中的工程管理专业(专业代码:120103)。

工程管理主干学科为管理科学与工程,重要支撑学科有土木工程(或其他专业工程)、经济学、法学等。

工程管理主要管理对象包括建筑工程、道路与桥梁工程、铁道工程、地下建筑与隧道工程、港口与航道工程、矿山工程、水利工程、石油工程、电力工程等。

6.2.2 培养目标

培养适应社会主义现代化建设需要,德、智、体、美全面发展,掌握土木工程或其他工程领域的技术知识,掌握与工程管理相关的管理、经济和法律等基础知识,具有较高的专业综合素质、技能与能力,具有职业道德、创新精神和国际视野,能够在土木工程或其他工程领域从事全过程工程管理的高级专门人才。毕业生能够在勘察、设计、施工、监理、投资、房地产、造价咨询、金融与保险等企事业单位及政府部门从事管理与技术工作。

6.2.3 培养规格

工程管理专业人才的培养规格应满足社会对本专业人才素质结构、能力结构、知识结构的相关要求,一般应达到下列要求。

6.2.3.1 素质结构

(1)思想道德素质。有坚定正确的政治方向,树立正确的世界观和人生观;诚信守法、团结协作、勤俭自强、勤奋学习,行为举止符合社会道德规范;树立诚信为本的思想,以诚待人、以诚建业,求真务实、言行一致;有较强的集体荣誉感,关心集体,能够与他人协作、沟通。

(2)文化素质。具有宽厚的文化知识积累,初步了解中外历史,尊重不同的文化与风俗,有一定的文化与艺术鉴赏能力;具有积极进取、开拓创新的现代意识和精神;能利用理性的力量客观地分析事物,具有较强的情绪控制能力;有一定的表达能力和与他人沟通的能力,有较强的与社会及他人交往的意识和能力。

(3)专业素质。掌握本学科具有的一般方法论,获得科学思维方法的基本训练;养成实事求是、理论联系实际、不断追求真理的良好科学素养;具有系统的工程意识和综合分析素养,能够从工程系统中发现和分析不足与缺陷,解决工程系统的重点、难点和关键问题。

(4)身心素质。身体健康,达到相应的国家体育锻炼标准合格水平;有正确评价自己与周围环境的能力,有对困难、压力的心理承受能力和自我调适能力。

6.2.3.2 能力结构

工程管理专业人才应综合掌握与工程管理相关的技术、管理、经济、法律方面的理论和方法,具备在土木工程或其他工程领域进行设计管理、投资控制、进度控制、质量控制、合同管理、信息管理和组织协调的基本能力,具备发现、分析、研究、解决工程管理实际问题的综合专业能力;具有较强的语言与文字表达能力;具备对专业外语文献进行读、写、译的基本能力;具备运用计算机辅助解决专业相关问题的基本能力;具备进行专业文献检索和初步科学研究能力;初步具有创新意识与创新能力,能够在工作、学习和生活中发现、总结、提出新观点和新想法。

6.2.3.3　知识结构

（1）具有基本的人文社会科学知识。熟悉哲学、政治学、社会学、心理学、历史学等知识，了解文学、艺术等知识。具有扎实的自然科学基础知识：掌握高等数学和工程数学知识，熟悉物理学、信息科学、环境科学的基本知识，了解可持续发展相关知识，了解当代科学技术发展的基本情况。

（2）掌握工具性知识。掌握一门外国语，掌握计算机基本原理及相关知识。

（3）具有扎实的专业知识。掌握工程制图、工程材料、房屋建筑学、工程力学、工程结构、工程测量、工程施工等工程技术知识；掌握工程项目管理、工程估价、运筹学、工程合同管理等管理学知识；掌握工程经济学、会计学、工程财务等经济学知识；掌握经济法、建设法规等法学知识；掌握工程建设信息管理等计算机及信息技术知识。

（4）了解相关领域的科学知识和专业知识。了解城市规划、金融保险、工商管理、公共管理等相关基础知识。

6.2.4　教学内容

工程管理本科专业的教学内容分为知识体系、实践体系和学生创新训练三部分，通过有序的课堂教学、实践教学和课外活动，实现知识融合与能力提升。

6.2.4.1　**工程管理专业的知识体系**

工程管理专业的知识体系如图 6-1 所示。

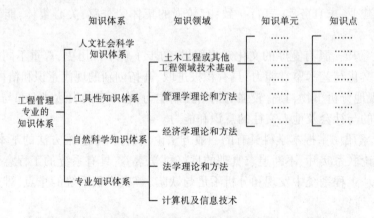

图 6-1　工程管理专业的知识体系

工程管理专业的知识体系由人文社会科学知识体系、工具性知识体系、自然科学知识体系、专业知识体系四部分构成。

专业知识体系包括知识领域、知识单元和知识点三级内容。知识单元分为核心知识单元和选修知识单元两种类型，核心知识单元提供专业知识体系的基本要素，是工程管理专业本科教学中必要的最基本教学内容；选修知识单元是指不在核心知识单元内的其他知识单元，该单元由各高校根据自己的专业设置自主选择。

1.专业知识体系构成

工程管理专业的专业知识体系由以下五个知识领域构成：

(1)土木工程或其他工程领域技术基础。

(2)管理学理论和方法。

(3)经济学理论和方法。

(4)法学理论和方法。

(5)计算机及信息技术。

2.核心知识单元

核心知识单元是工程管理本科专业的专业知识体系的最小集合,包含内容广泛,共计197 个知识单元和 846 个知识点,是工程管理本科专业学生必须掌握的必备知识。本章只对上述核心知识单元及对应知识点做出规定。

本章推荐了工程管理的选修知识单元、知识点、推荐课程及其学时,供不同高校根据自身办学定位、专业特点、办学条件自主选择。此外,各高校可根据行业发展趋势、地方需求,在五个知识领域内增加选修内容,并适时调整与更新。

6.2.4.2　工程管理专业的实践体系

工程管理本科专业实践体系包括各类教学实习(包括课程实习、生产实习、毕业实习)、试验、设计、专题讲座与专题研讨等培养环节。

实践体系分为实践领域、实践单元、知识与技能点三个层次。通过实践教学,培养学生发现、分析、研究、解决工程管理实际问题的综合实践能力和初步的科学研究能力。

1.试验领域

工程管理本科专业试验领域包括基础试验、专业基础试验、专业试验和研究性试验四个实践环节。基础试验实践环节包括计算机及信息技术应用试验等实践单元。专业基础试验实践环节包括工程力学试验、工程材料试验等实践单元。专业试验实践环节,各高校可结合自身专业特色,设置相关专业试验等实践单元。研究性试验实践环节,各高校可结合自身实际情况,针对核心知识领域、专业知识领域开设,以设计性、综合性试验为主。本章对此类试验不做统一要求。

2.实习领域

工程管理本科专业实习包括认识实习、课程实习、生产实习、毕业实习等四个实践环节。认识实习实践环节按工程管理专业核心知识的相关要求安排实践单元,应选择符合专业培养目标要求的相关内容。课程实习实践环节包括工程施工、工程测量及其他与专业有关的课程实习实践单元。生产实习与毕业实习实践环节应根据各专业和各高校自身办学特色所需培养的综合专业能力,选择实习内容。

3.设计领域

设计领域包括课程设计和毕业设计(论文)两个实践环节。课程设计和毕业设计(论文)的实践单元按专业安排相关内容。

6.2.4.3　创新训练

创新训练与初步科研能力培养应在整个本科教学和管理的相关工作中贯彻和实施,包括以专业知识体系为载体,在课堂教学中实现创新思维与研究方法的训练;以专业实践体系为载体,在试验、实习和设计中实现创新方法与创新技能的训练;提倡和鼓励学生参加创新实践与课外学术研究活动,如大学生创新性试验计划、大学生科研训练计划,相关专业或学科的竞赛、学术性社团活动等,实现基本创新能力的培养。有条件的高校可将开设的创新训练课程,或采用专题讲座、专题研讨等多种方式进行的创新训练教学环节,纳入培养方案与教学计划中。

6.2.5　课程体系

各高校设置的课程体系应提出达到培养目标所需的全部教学任务和教学要求,可根据自身优势和特色,在知识体系框架下构建课程体系。课程体系由核心(必修)课程和专业选修课程组成。课程可按知识领域进行设置,也可从各知识领域中抽取相关的知识单元组成课程,但要求核心课程应覆盖知识体系中的全部核心知识单元及部分选修知识单元;选修课程由选修知识单元及反映学科前沿和学校特色的内容组成,各高校可根据自身情况选择或调整。

本章在工具性、人文社会科学、自然科学知识体系中推荐课程21门,对应推荐学时1 052个;在专业知识体系中推荐专业核心课程22门,对应推荐学时845个,推荐专业选修课程6门,对应推荐学时200个。本章在实践体系中安排实践环节12个,其中基础试验实践环节推荐24学时,专业基础试验实践环节推荐26学时,实习推荐8周,设计推荐18周。

6.2.6　基本教学条件

6.2.6.1　师资

(1)有一支结构合理、相对稳定、水平较高的教师队伍。教师必须具备高校教师资格。由工程技术、经济、管理、法律等学科背景构成的专任教师队伍,能独立承担50%以上的专业核心课程的教学任务。

(2)设有专业基层教学组织或者教学团队,有副教授以上职称的专业带头人及其后备师资队伍,主讲专业核心课程和主要专业选修课程的教师应不少于15人,其中至少有教授2名、副教授4名;能够开展教学研究与科研活动;所在高校应有相关学科的基本支撑条件。

(3)具有硕士学位教师占专任教师的比例不小于30%,具有高级职称的教师占专任教师的比例不小于30%,年龄结构、学位结构、职称结构、学员结构较为合理并具有良好的发展趋势;具有一定比例的有工程管理实践经历的专职、兼职教师。

(4)核心课程的主讲教师必须具有讲师及其以上职称。55岁以下的具有高级职称的教师每年应承担本科生教学任务;每名教师每学年主讲的专业核心课程不得超过2门;毕业设计(论文)阶段1名教师指导的学生数量应不超过10名。

6.2.6.2　教材

应选用符合教学大纲和教学计划要求的优秀教材,鼓励选用国外优秀教材。教材内容应符合各高校的办学特色,教师应向学生推荐合适的参考书。

6.2.6.3　教学资料

工程管理专业所在高校图书馆中应有与工程管理专业学生数量相适应的专业图书、期刊、资料,应具有数字化资源和具有检索资源的工具。

6.2.6.4　实验室

实验室软硬件设施应满足教学要求,设施、仪器、设备、计算机、相关专业软件的数量应能够满足工程管理专业试验教学的需要和学生日常学习的需要。计算机室应对学生开放,用于教学的计算机台数不少于 30 台。

6.2.6.5　实习基地

应根据实习领域相关实践环节的具体要求,具有相对稳定的实习基地 5 个以上,并与专业设置和学生实习人数相适应,实习条件应满足相关实践环节的教学要求。

6.2.6.6　教学经费

学费收入用于四项教学经费(本科业务费、教学差旅费、教学仪器维修费、体育维持费)的比例需大于 25%,并逐年有所增长。其中,本科业务费和教学仪器维修费需占四项教学经费的 80%。

新设置的工程管理本科专业,开办经费一般不低于生均 0.8 万元(不包括学生宿舍、教室、办公场所等),至少应能够确保本专业的办学硬件环境条件达到上述最低要求。

第7章　BIM体系及其在建筑业中的应用

建筑业信息化是建筑业发展战略的重要组成部分,也是建筑业转变发展方式、提质增效、节能减排的必然要求,对建筑业绿色发展、提高人民生活品质具有重要意义。

7.1　BIM概述

7.1.1　BIM的基本定义

BIM全称是"Building Information Modeling",译为建筑信息模型。目前,较为完整的是美国国家BIM标准(National Building Information Modeling Standard,NBIMS)的定义:"BIM是设施物理和功能特性的数字表达;BIM是一个共享的知识资源,是一个分享有关这个设施的信息,为该设施从概念到拆除的全寿命周期中的所有决策提供可靠依据的过程;在项目不同阶段,不同利益相关方通过在BIM中插入、提取、更新和修改信息,以支持和反映各自职责的协同工作。"从这段话中可以提取的关键词如下:

（1）数字表达:BIM技术的信息是参数化集成的产品。

（2）共享信息:工程中BIM参与者通过开放式的信息共享与传递进行配合。

（3）全寿命周期:是从概念设计到拆除的全过程。

（4）协同工作:是不同阶段、不同参与方需要及时沟通交流、协作以取得各方利益的操作。

通俗地来说,BIM可以理解为利用三维可视化仿真软件将建筑物的三维模型建立在计算机中,这个三维模型中包含着建筑物的各类几何信息(尺寸、标高等)与非几何信息(建筑材料、采购信息、耐火等级、日照强度、钢筋类别等),是一个建筑信息数据库。项目的各个参与方在协同平台上建立BIM模型,根据所需提取模型中的信息,及时交流与传递,从项目可行性规划开始,到初步设计,再到施工与后期运营维护等不同阶段均可进行有效的管理,显著提高效率,减少风险与浪费,这便是BIM技术在建筑全生命周期的基本应用。

7.1.2　BIM产生和发展的背景

7.1.2.1　建筑业的快速发展

随着各国经济的快速发展,城市化进程的不断加快,建筑业在推动社会经济发展中起着至关重要的作用。各类工程的规模不断扩大,形态功能越来越多样化,项目参与方日益增多使得跨领域、跨专业的参与方之间的信息交流、传递成为了至关重要的因素。

7.1.2.2　建筑业生产效率低

建筑业生产效率低是各国普遍存在的问题。2004年美国斯坦福大学进行了一项关于美国建筑行业生产率的调查研究,调查结果显示,从 1964 ~ 2003 年近 40 年间,将建筑行业和非农业的生产效率进行对比,后者的生产效率几乎提高了 1 倍,而前者的效率不升反降,下降了接近 20% 。

在整个设计流程中,专业间信息系统相对孤立,设计师对工程建设的理解及表达形式也有所差异,信息在专业间传递的过程中容易出现错漏现象,建筑、结构、机电等专业的碰撞、冲突问题在所难免。另外,各专业设计师自身的专业角度以及 CAD 二维图纸的局限性等原因,导致图纸错误查找困难,并且在找出错误后各专业间的信息交互困难,沟通、协调效率低下,依然不能保证彻底解决问题。同时,这种传递方式极有可能导致后期施工的错误,一旦如此,设计方必须根据施工方反映的问题再次修改图纸,无疑增加了工作量,甚至在多次返工后依然无法保证工程的设计、施工质量。

不难看出,建筑业生产效率低下的主要原因有:一是在建筑整个全生命周期阶段中,从策划到设计,从设计到施工,再从施工到后期运营,整个链条的参与方之间的信息不能有效地传递,各种生产环节之间缺乏有效的协同工作,资源浪费严重;二是重复工作不断,特别是项目初期建筑、结构、机电设计之间的反复修改工作,造成生产成本上升。这也就是说目前全球土木建筑业存在两个亟待解决的问题。

7.1.2.3　计算机技术的发展

自计算机和其他通信设备的出现与普及后,整个社会对于信息的依赖程度逐步的提高,信息量、信息的传播速度、信息的处理速度以及信息的应用程度飞速增长,信息时代已经来临。信息化、自动化与制造技术的相互渗透使得新的知识与科学技术很快就应用于生产实际中。但信息技术在建筑行业中的应用远不如它在其他行业中的应用的情况那样让人满意。

7.1.3　BIM 技术的起源

基于建筑行业在长达数十年间不断涌现出的诸如碰撞冲突、屡次返工、进度质量不达标等顽固问题,造成了大量的人力、经济损失,也导致建筑业生产效率长期处于较低水平,建筑从业者们痛定思痛后也在不断发掘解决这一系列问题的有效措施。

新兴的 BIM 技术,贯穿于工程项目的设计、建造、运营和管理等生命周期阶段,是一种螺旋式的智能化的设计过程,同时 BIM 技术所需要的各类软件,可以为建筑各阶段的不同专业搭建三维协同可视化平台,为上述问题的解决提供了一条新的途径。BIM 信息模型中除了集成建筑、结构、暖通、机电等专业的详尽信息,还包含了建筑材料、场地、机械设备、人员乃至天气等诸多信息。具有可视化、协调性、模拟性、优化性以及可出图性的特点,可以对工程进行参数化建模,施工前三维技术交底,以三维模型代替传统二维图纸,并根据现场情况进行施工模拟,及时发现各类碰撞冲突以及不合理的工序问题,可以极大地减少工程损失,提高工作效率。

当建筑行业相关信息的载体从传统的二维图纸变化为三维的 BIM 信息模型时,工程中各阶段、各专业的信息就从独立的、非结构化的零散数据转换为可以重复利用、在各参与方中传递的结构化信息。2010 年英国标准协会(British Standards Institution, BSI)的一篇报告中指出了二维 CAD 图纸与 BIM 模型传递信息的差异,其中便提到了 CAD 二维图纸是由几何图块作为图形构成的基础骨架,而这些几何数据并不能被设计流程的上下游所重复利用。三维 BIM 信息模型将各专业间独立的信息整合归一,使之结构化,在可视化的协同设计平台上,参与者们在项目的各个阶段重复利用着各类信息,效率得到了极大的提高。

上述两种建筑信息载体也经历了各自的发展历程:20 世纪 60 年代人们从手工绘图中解放出来,甩掉沉重的绘图板,转换为以 CAD 为主的绘图方式。如今,正逐步从二维 CAD 绘图转换为三维可视化 BIM。人们认为 CAD 技术的出现是建筑业的第一次革命,而 BIM 模型为一种包含建筑全生命周期中各阶段信息的载体,实现了建筑从二维到三维的跨越,因此 BIM 也被称为是建筑业的第二次革命,它的出现与发展必然推动着三维全生命周期设计取代传统二维设计及施工的进程,拉开建筑业信息化发展的新序幕,如图 7-1 所示。

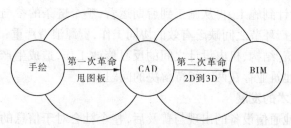

图 7-1 建筑业信息革命过程

BIM 这个词的产生与发展经历了一个比较复杂的过程,BIM 有两种解释:Building Information Model 和 Building Information Modeling,它们的意义差别较大,阐述如下:

20 世纪 70 年代,美国乔治亚理工大学建筑与计算机学院 Charles Eastman(Chuck)博士发表了以"建筑描述系统(Building Description System)"的课题,他阐述了现今 BIM 理念,此处 BIM 对应解释为"Building Information Model",因此 Charles Eastman 被称为"BIM 之父"。20 世纪 80 年代后,欧洲(以芬兰学者为首)称这种方法为"Product Information Models"。目前,通俗的术语 BIM(Building Information Modeling)是欧特克公司(Autodesk)副总裁 Phil G. Bernrstein 在 2002 年年初收购 RTC 公司(Revit Technology Corproation)后所给出的。2009 年,美国麦克劳 – 希尔建筑信息公司(McGraw – Hill Construction)在一份名为"BIM 的商业价值(The Business Value of BIM)"的调研报告中对 BIM 做了如下定义:"BIM is defined as: The process of creating and using digital model for design, construction and/or operations of projects.",可大致翻译为:BIM 是创建、应用数字化模型对项目进行设计、施工和运营的过程。

BIM 这个术语在工程行业中被广泛推广的推手是 Jerry Laiserin,他在 2002 年 12 月 16 日的"The Laiserinletter"第 15 期上,发表了一篇名为"Comparing Pommes and Narajas(苹果和橙子的比较)"的文章,"Pommes""Narajas"在法语中分别译为"苹果"和"橙子"。他用两个不相似的东西之间的对比来说明 CAD 与 BIM 间的区别。文中赋予 BIM(Building Information Modeling)的内涵是:用数字形式展现建造过程与设备管理,并以数字形式完成建造过程与设施管理中的信息交互"。此后,BIM 在工程界引发了业界人士的广泛关注与讨论,人们逐渐开始深入研究 BIM 并积极使用,所以其历史也可称得上错综复杂。在 Jerry Laiserin 的文章发表后,与建筑信息模型相关的各类词汇基本统一为 BIM,Jerry Laiserin 也被人们尊称为"BIM 教父"。

7.1.4　BIM 发展现状

7.1.4.1　BIM 在国外的发展现状

BIM 的概念起源于美国,所以 BIM 的研究与应用实践在美国起步很早,并已验证 BIM 技术在建筑行业中的应用潜力,所以利用 BIM 及时弥补了建筑行业中的诸多损失。距它在 2002 年正式进入工程领域至今已有 16 年之久,BIM 技术已经成为美国建筑业中具有革命性的力量。在全球化的进程中,BIM 的影响力已经扩散至欧洲、韩国、日本、新加坡等地区,这些国家的 BIM 技术均已经发展到了一定水平。

1. BIM 在美国的研究发展

美国总务管理局(General Services Administration,GSA)于 2003 年推出了国家 3D – 4D – BIM 计划,并陆续发布了一系列 BIM 指南。美国总务管理局要求:从 2007 年起,美国所有达到招标级别的大型项目必须应用 BIM,且前期规划和后期的成果展示需要使用 BIM 模型(此为最低标准),GSA 鼓励所有项目采用 3D – 4D – BIM 技术,并且给予采用该技术的项目各个参与方资金支持,其多少根据使用方的应用水平和阶段来确定。目前,GSA 正大力探索建筑全生命周期的 BIM 应用,主要包括前期空间规划模拟、4D 可视化模拟、能源消耗模拟等。GSA 在推广 BIM 应用上表现得十分活跃,极大地推动了美国工程界 BIM 的应用浪潮。

美国联邦机构美国陆军工程兵团(United States Army Corps of Engineers,USACE)在 2006 年制定并发布了一份 15 年(2006～2020 年)的 BIM 路线图。

美国建筑科学研究院于 2007 年发布 NBIMS(National BIM standard – United states,美国国家 BIM 标准),旗下的 Building SMART 联盟(Building SMART Alliance,BSA)负责 BIM 应用研究工作。2008 年年底,BSA 已拥有 IFC(Industry Foundation Classes)标准、NBIMS 标准、美国国家 CAD 标准(United States National CAD Standard)等一系列应用标准。

美国 University of Illinois(伊利诺伊大学)的 Golparvar – Fard、Mani、Savarese、Silvio 等学者,将 BIM 技术和影像技术相结合,建立模型后输入计算机中进行工程可视化施工模拟,将三维可视化模拟的最优成果作为实际施工的指导依据。

美国 Harvard University 的 Lapierre. A、Cote. P 等学者提出了数字化城市的构想,他们认为实现数字化城市的关键在于能否将 BIM 技术与地理信息系统 GIS(Geographic Information System)相结合。BIM – GIS 的联合应用,BIM 可视化技术拟建工程内部各类对象,GIS 技术弥补 BIM 在外部空间分析的弱势,也是当下建筑产业具有极高探索、应用价值的环节。

2. BIM 在欧洲的研究发展

与大多数国家相比,英国政府要求强制使用 BIM。2011 年 5 月,英国内阁办公室发布了"政府建设战略(Government Construction Strategy)",其中有整个章节讲到建筑信息模型(BIM),该章节中明确要求,到 2016 年,政府要求全面协同的 3D - BIM,将全部的文件以信息化管理。英国在 CAD 转型至 BIM 的过程中,AEC(英国建筑业 BIM 标准委员会)提供了许多可行的方案措施,例如模型命名、对象命名、构件命名、建模步骤、数据交互、可视化应用等。

北欧四国(挪威、丹麦、瑞典、芬兰)是全球一些主要建筑产业软件开发厂商的所在地,例如 Tekla、ArchiCAD 等,因此这些国家是第一批使用 BIM 软件建模设计的国家,也大力推广着建筑信息的传递互通和 BIM 各类相关标准。这些国家并不像英美一样强制使用 BIM 技术,其 BIM 的发展较多的是依赖于领头企业的自觉行为。北欧国家气候特点是冬天天寒地冻且周期长,极不利于建筑生产施工,对于他们来说,预制构件是解决这一问题的关键,而 BIM 技术中包含的丰富信息能够促使建筑预制化的有效应用,故这些国家在 BIM 技术的使用上也进行了较早的部署。一个名为 Senate Properties 的芬兰企业在 2007 年发布了一份建筑设计的 BIM 要求(Senate Properties' BIM Requirements for Architectural Design,2007)。该文件指出:自 2007 年 10 月 1 日起,Senate Properties 的项目仅在建筑的设计部分强制使用 BIM 技术,其他设计部分诸如结构、水暖电等采用与否根据具体情况决定,但依然鼓励全生命周期使用 BIM 技术,充分利用 BIM 技术在设计阶段的可视化优势,解决建筑设计存在的问题。

建筑虚拟设计建造技术 VDC(Virtual Design and Construction)作为 BIM 技术可视化的重要一环,Brian Gilligan、John Kunz 等学者在研究其在欧洲领域市场的应用时,发现工程项目在实施中,技术组织上还存在一定的问题。但 VDC 使用的人数日益增多,且应用程度也随着研究的进展而深入,欧美地区的建筑业者对 VDC 的理解较为深刻,深信该项技术能够在 BIM 可视化应用中占有绝对的地位。

3. BIM 在亚洲的研究发展

在亚洲,诸如韩国、日本、新加坡等国 BIM 技术的研究与应用程度并不低。2010 年,日本国土交通省宣布推行 BIM,并且选择一项政府建设项目作为试点,探索 BIM 在可视化设计、信息整合中的实际应用价值及方式。日本的软件行业在全球名列前茅,而日本的软件商们也逐渐意识到 BIM 并非一个软件就能完成的,它需要多个软件的配合,随后日本国内多家软件商自行组成了其本国软件联盟,以进行国产软件在 BIM 技术中的解决方案研究。此外,日本建筑学会于 2012 年 7 月发布了日本 BIM 指南,其内容大致为:为日本的各大施工单位、设计院提供在 BIM 团队建设、BIM 设计步骤、BIM 可视化模拟、BIM 前后期预算、BIM 数据信息处理等方向上的指导。

在韩国,公共采购服务中心、国土交通海洋部致力于 BIM 应用标准的制订。《建筑领域 BIM 应用指南》于 2010 年 1 月完成发布,该指南提供了建筑业业主、建筑设计师采用 BIM 技术时所需的必要条件及方法。目前,韩国多家建筑公司(如三星建设、大宇建设、现代建设等)都着力开展 BIM 的研究与使用。

新加坡在 2009 年建立了基于 IFC 标准的政府网络审批电子政务系统,要求所有的软件输出都支持 IFC2x 标准的数据。因为网络审批电子政务系统在检查程序时,只需识别符合 IFC2x 的数据,不需人工干预即可自动完成审批,极大地提高了政务审批效率。由于新加坡尝到了电子政务系统带来的好处,随着科学技术的进步,类似的电子政务项目将会越来越多,而 BIM 技术在电子政务系统中扮演的角色也会越来越重要。2011 年,建筑管理署 BCA (Building and Construction Authority) 发布了新加坡 BIM 发展路线 (BCA's Building Information Modeling Roadmap),并制定了新加坡 BIM 发展策略。

7.1.4.2　BIM 在国内的发展现状

在 BIM 技术全球化的影响下,我国于 2004 年引入了 BIM 相关技术软件,这是我国首次与 BIM 技术结缘。2009 年 5 月,中央"十一五"国家科技支撑计划重点项目"现代建筑设计与施工关键技术研究"在北京启动,明确提出将深入探索 BIM 技术,利用 BIM 的协同设计平台提高建筑生产质量与工作效率。在"十二五"期间,基本实现建筑行业 BIM 技术的基本应用,加快 BIM 协同设计及可视化技术的普及,推动信息化建设,推进 BIM 技术从设计阶段向施工运营阶段的延伸,促进虚拟仿真技术、4D 管理系统的应用,逐步提高建筑企业生产效率和管理水平。

随着我国 BIM 浪潮的掀起,在 2008 年由中国建筑科学研究院、中国标准化研究院起草了《工业基础类平台规范》(GB/T 25507—2010),并将 IFC 标准作为我国国家标准。

我国越来越多的大型项目开始选择使用 BIM 技术这一平台,收获了一些成效的同时也出现了一些问题。下面列举近年来我国工程界应用 BIM 的典型案例:

(1)上海世博会奥地利馆。由于具有曲面形式多样、空间关系复杂、专业协调量大、进度紧的特点,相关人员在设计阶段利用 BIM 可视化技术,大大缩短了设计变更所需要的修改时间。但巨大的专业协调量,使得各专业之间的协同设计和配合问题未得到解决。

(2)北京奥运会水立方。场馆较大,结构复杂,在钢结构设计阶段采用 BIM 技术,充分有效地将信息传递利用,各阶段参与方协同设计,缩短了建设周期。但由于各方沟通问题,并且没有一个统一的工作标准,使得协同并未达到较高的程度。

(3)银川火车站项目。空间形体复杂,钢桁架结构形式多样,设计方在设计阶段利用 BIM 可视化技术进行三维空间实体化建模,直观地实现了空间设计,钢结构创建符合要求,但后期施工的碰撞检测并未进行。

与此同时,我国各大高校也正积极地探索研究 BIM 技术:

(1)香港理工大学建筑及房地产学系李恒等学者成立了建筑虚拟模拟实验室,他们对基于 BIM 技术的虚拟可视化施工技术进行了大量研究,并利用 BIM 虚拟施工技术解决工程项目实际问题。同时,他们还将 3D 视频效果引入虚拟施工过程中,增强了虚拟施工的效果和真实感。

(2)同济大学何清华等学者结合国内 BIM 技术的研究发展现状,总结当下建筑工程施工中的不足,提出了 BIM 工程管理框架。

(3)上海交通大学、重庆大学、西南交通大学、华中科技大学、天津大学等高校也先后成立了 BIM 科研机构和 BIM 工程实验室,在 BIM 的使用标准、应用方式、管理构架等方面进行了探索。

目前,国内很多大型设计院、工程单位着力于开展 BIM 技术的研究与应用:中国建筑西南设计研究院、四川省建筑设计研究院、CCDI (China Construction Design International,悉地国际)等先后成立了 BIM 设计小组;中铁二局建筑公司成立了 BIM 高层建筑应用中心;中建三局在机电施工安装阶段大力采用 BIM 技术;上海建工集团、华润建筑有限公司等也在施工中阶段性地应用 BIM；成都市建筑设计研究院与成都建工组成联合体采用 EPC 项目总承包模式承接工程项目，BIM 涵盖在 EPC 的各个阶段。中铁二院工程集团有限公司在西部某高速铁路的设计阶段采用 BIM – GIS 的结合应用，在铁路桥梁选线方向取得了极大的进展。相关的 BIM 咨询公司也相继成立，优比咨询和柏慕咨询均对 BIM 技术进行了研究与使用，并不断推出介绍各类新的观点和方案；北京橄榄山软件公司开发的橄榄山快模可以极快地将 CAD 图纸翻模成 BIM 三维模型，为各大单位将已有图纸转化为 BIM 模型进行研究应用提供了便利。我国 BIM 的发展正如火如荼地进行着。

虽然 BIM 在我国引入较早，并已逐步被接受认识，且在诸多著名建筑设计中有所应用，但我国 BIM 技术应用水平依然不高，存在着各方面的不足。首先，政府及相关单位并未出台有关 BIM 技术的完整法律法规；其次，基于 IFC 的数据共享的使用情况还未达到理想状态，仍需政府部门和相关法规的大力推动；再者，BIM 技术所需的软件几乎都是从国外引入，本土化程度低，建筑从业人员对 BIM 的理解并不深刻，缺乏系统的培训。但随着 BIM 技术的不断发展，加之对发达国家 BIM 技术的借鉴，我国 BIM 技术所面临的难题终会一一解决，新兴的 BIM 技术注定会像如今的 CAD 技术一样普及。

7.2　BIM 软件体系

此部分所介绍的 BIM 体系主要指 BIM 的软件体系。

BIM 不是指软件，更多的是一种处理建筑问题的思维。软件是解决问题的工具，这些不同软件的结合可以帮助人更全面、更准确地去完成建筑的信息化，从而利用 BIM 的思维方式去解决问题。

7.2.1　工程建设过程中的 BIM 软件应用

7.2.1.1　招标投标阶段的 BIM 工具软件应用

1.算量软件

算量软件主要包括广联达、鲁班。

基于 BIM 技术的算量软件能够自动按照各地清单、定额规则，利用三维图形技术，进行工程量自动统计、扣减计算，并进行报表统计，大幅度提高了预算员的工作效率。

2.造价软件

广联达和鲁班造价软件都非常成熟优秀，可以利用它们对以往工程造价情况进行全面分析，可以提供云造价支持，可以对既有项目进行全方面的造价分析、对比。

7.2.1.2　深化设计阶段的 BIM 工具软件应用

1.机电深化设计软件

机电深化主要包括专业深化设计与建模、管线综合、多方案比较、设备机房深化设计、预留预埋设计、综合支吊架设计、设备参数复核计算等。

2.钢结构深化设计软件

钢结构深化设计的目的是材料优化、确保安全、构造优化、形成流水加工，大大提高加工进度。

3. 幕墙深化设计软件

幕墙深化设计主要是对建筑的幕墙进行细化补充设计及优化设计,如幕墙收口部位的设计、预埋件的设计、材料用量优化、局部的不安全及不合理做法的优化等。

4. 碰撞检查软件

碰撞检查也叫多专业协同、模型检测,是一个多专业协同检查过程,将不同专业的模型集成在同一平台中并进行专业之间的碰撞检查及协调。碰撞检查主要发生在机电的各个专业之间,机电与结构的预留预埋、机电与幕墙、机电与钢筋之间的碰撞也是碰撞检查的重点及难点内容。

有部分软件进行了模型是否符合规范、是否符合施工要求的检测,也被称为"软碰撞"。

7.2.1.3　施工阶段的 BIM 工具软件应用

1. 施工阶段用于技术的 BIM 工具软件应用

(1)施工场地布置软件。在工程红线内,通过合理划分施工区域,减少各项施工的相互干扰,使得场地布置紧凑合理,运输更加方便,能够满足安全防火、防盗的要求。

(2)模板脚手架设计软件。

(3)5D 施工管理软件。支持场地、施工措施、施工机械的建模及布置;支持施工流水段及工作面的划分;支持进度与模型的关联;可以进行施工模拟;支持施工过程结果跟踪和记录。

(4)钢筋翻样软件。

(5)基于 BIM 技术的变更计量软件。

2. 施工阶段用于管理的 BIM 工具软件应用

(1)BIM 平台软件。BIM 平台软件是最近出现的一个概念,基于网络及数据库技术,将不同的 BIM 工具软件连接到一起,以满足用户对协同工作的需求。

(2)BIM 应用软件的数据交换。

(3)BIM 应用软件与管理系统的集成。

①基于 BIM 技术的进度管理。为进度管理提供人、材、机消耗量的估算,为物料准备以及劳动力估算提供了充足的依据;同时可以提前查看各任务项所对应的模型,便于项目人员准确、形象地了解施工内容,便于施工交底。

②基于 BIM 技术的图纸管理。BIM 应用软件图纸管理实现对多专业海量图纸的清晰管理,实现了相关人员任意时间均可获得所需的全部图纸信息的目标。

③基于 BIM 技术的变更管理。利用 BIM 技术软件将变更内容录入模型,首先直观地形成变更前后的模型对比,并快速生成工程量变化信息。通过模型,变更内容准确、快速地传达至各个领导和部门,实现了变更内容的快速传递,避免了内容理解的偏差。

④基于 BIM 技术的合同管理。现在基于 BIM 技术的合同号管理,通过将合同条款、招标文件、回标答疑及澄清、工料规范、图纸设计说明等相关内容进行拆分、归集,便于从线到面的全面查询及风险管控。

7.2.1.4　当前其他常用 BIM 软件介绍

(1)鸿业 BIMSpace。基于 Revit 平台,涵盖了建筑、给水排水、暖通等常用功能,结合基于 AutoCAD 平台向用户提供完整的施工图解决方案。

（2）FieldLink。为总承包商设计的施工放样解决方案。

7.2.2　BIM 软件的类型

BIM 软件的类型图见图 7-2。

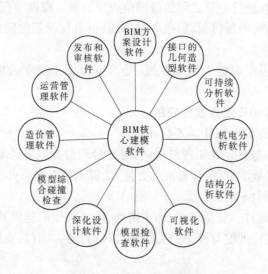

图 7-2　BIM 软件的类型

习惯将 BIM 软件分为 BIM 基础软件、BIM 工具软件和 BIM 平台软件。

（1）BIM 基础软件指可用于建立能为多个 BIM 应用软件所使用的 BIM 数据的软件。

（2）BIM 工具软件指利用 BIM 基础软件提供的数据，开展各种工作的应用软件。

（3）BIM 平台软件是指能对各类 BIM 基础软件及 BIM 工具软件产生的 BIM 数据进行有效地管理，以便支持建筑全生命期 BIM 数据的共享应用的应用软件。

7.2.3　BIM 建模软件

7.2.3.1　BIM 方案设计软件

BIM 方案设计软件用在设计初期，其主要功能是把业主设计任务书里面基于数字的项目要求转化成基于几何形体的建筑方案，此方案用于业主和设计师间的沟通和方案研究论证。主要的 BIM 方案设计软件有 SketchUp Pro 和 Affinity 等。

7.2.3.2　BIM 核心建模软件

BIM 核心建模软件主要有 Autodesk 公司的 Revit 建筑、结构和机电系列，Bentley 建筑、结构和设备系列。

7.2.4　BIM 工具软件分类

BIM 工具软件分类及具体软件举例见表 7-1。

表 7-1　BIM 软件分类及具体软件举例

BIM 核心建模软件	常见 BIM 工具软件	功能
BIM 方案设计软件	Onuma Planning System、Affinity	把业主设计任务书里面基于数字的项目要求转化成基于几何形体的建筑方案
BIM 接口的几何造型软件	Sketch Up、Rhino、FormZ	其成果可以作为 BIM 核心建模软件的输入
BIM 可持续(绿色)分析软件	Echotect、IES、Green Building Studio、PK – PM	利用 BIM 模型的信息对项目进行日照、风环境、热工、噪声等方面的分析
BIM 机电分析软件	Designmastre、IES、Virtual Environment、Trane Trace	—
BIM 结构分析软件	ETABS、STAAD、Robot、PKPM	结构分析软件和 BIM 核心建模软件两者之间可以实现双向信息交换
BIM 可视化软件	3D₈Max、 Artlanties、 AccuRender、Lightscape	减少建模工作量,提高精度与设计(实物)的吻合度、可快速产生可视化效果
二维绘图软件	AutoCAD、MicroStation	配合现阶段 BIM 软件的直接输出还不能满足市场对施工图的要求
BIM 发布审核软件	Autodesk Design Review Adobe PDF、Adobe PDF Adobe 3D PDF	把 BIM 成果发布成静态的、轻型的等供参与方进行审核或利用
BIM 模型检查软件	Solibri Model Checker	用来检查模型本身的质量和完整性
BIM 深化设计软件	Xsteel	—
BIM 模型综合碰撞检查软件	Autodesk Navisworks、Bentley Projestwise Navigator、Solibri Model Checker	检查冲突与碰撞、模拟分析施工过程、评估建造是否可行,优化施工进度、三维漫游等
BIM 造价管理软件	Innovaya,Solibri 鲁班软件	利用 BIM 模型提供的信息进行工程量统计和造价分析

7.3　BIM 在建筑中的应用

BIM 在建筑中有以下 20 个典型的功能应用。

7.3.1　BIM 模型维护

根据项目建设进度建立和维护 BIM 模型,实质是使用 BIM 平台汇总各项目团队所有的建筑工程信息,消除项目中的信息"孤岛"现象,并且将得到的信息结合三维模型进行整理和储存,以备项目全过程中项目各相关利益方随时共享。由于 BIM 的用途决定了 BIM 模型细节的精度,同时仅靠一个 BIM 工具并不能完成所有的工作,所以目前业内主要采用"分布式"BIM 模型的方法,建立符合工程项目现有条件和使用用途的 BIM 模型。这些模型根据需要可能包括设计模型、施工模型、进度模型、成本模型、制造模型、操作模型等(见图 7-3)。

图 7-3　模型维护

7.3.2　场地分析

　　场地分析是研究影响建筑物定位的主要因素,是确定建筑物的空间方位和外观、建立建筑物与周围景观的联系的过程。在规划阶段,场地的地貌、植被、气候条件都是影响设计决策的重要因素,往往需要通过场地分析来对景观规划、环境现状、施工配套及建成后交通流量等各种影响因素进行评价及分析。传统的场地分析存在诸如定量分析不足、主观因素过重、无法处理大量数据信息等弊端,通过 BIM 结合地理信息系统(GIS)对场地及拟建的建筑物空间数据进行建模,通过 BIM 及 GIS 软件的强大功能迅速得出令人信服的分析结果,帮助项目在规划阶段评估场地的使用条件和特点,从而做出新建项目最理想的场地规划、交通流线组织关系、建筑布局等关键决策(见图 7-4)。

图 7-4　场地分析

7.3.3 建筑策划

相对于根据经验确定设计内容及依据(设计任务书)的传统方法,建筑策划利用对建设目标所处社会环境及相关因素的逻辑数理分析,研究项目任务书对设计的合理导向,制定和论证建筑设计依据,科学地确定设计的内容,并寻找达到这一目标的科学方法。BIM能够帮助项目团队在建筑规划阶段通过对空间进行分析来理解复杂空间的标准和法规,从而节省时间,提供给团队更多增值活动的可能。特别是在客户讨论需求、选择以及分析最佳方案时,能借助 BIM 及相关分析数据,做出关键性的决定。BIM 在建筑策划阶段的应用成果还会帮助建筑师在建筑设计阶段随时查看初步设计是否符合业主的要求,是否满足建筑策划阶段得到的设计依据,通过 BIM 连贯的信息传递或追溯,大大减少详图设计阶段发现不合格需要修改设计的巨大浪费。

7.3.4 方案论证

在方案论证阶段,项目投资方可以使用 BIM 来评估设计方案的布局、视野、照明、安全、人体工程学、声学、纹理、色彩及规范的遵守情况。BIM 甚至可以做到建筑局部的细节推敲,迅速分析设计和施工中可能需要应对的问题。方案论证阶段还可以借助 BIM 提供方便的、低成本的不同解决方案供项目投资方进行选择,通过数据对比和模拟分析,找出不同解决方案的优缺点,帮助项目投资方迅速评估建筑投资方案的成本和时间。对设计师来说,通过 BIM 来评估所设计的空间,可以获得较高的互动效应,以便从使用者和业主处获得积极的反馈。设计的实时修改往往基于最终用户的反馈,在 BIM 平台下,项目各方关注的焦点问题比较容易得到直观的展现并迅速达成共识,相应的需要决策的时间也会比以往减少。

7.3.5 可视化设计

3Dmax、Sketchup 这些三维可视化设计软件的出现有力地弥补了业主及最终用户因缺乏对传统建筑图纸的理解能力而造成的与设计师之间的交流鸿沟。但由于这些软件设计理念和功能上的局限,这样的三维可视化展现不论用于前期方案推敲还是用于阶段性的效果图展现,与真正的设计方案之间都存在相当大的差距。BIM 的出现使得设计师不仅拥有了三维可视化的设计工具,所见即所得,更重要的是通过工具的提升,使设计师能使用三维的思考方式来完成建筑设计,同时也使业主及最终用户真正摆脱了技术壁垒的限制,随时知道自己的投资能获得什么。

7.3.6 协同设计

协同设计是一种新兴的建筑设计方式,它可以使分布在不同地理位置的不同专业的设计人员通过网络的协同展开设计工作。协同设计是在建筑业环境发生深刻变化、建筑的传统设计方式必须得到改变的背景下出现的,也是数字化建筑设计技术与快速发展的网络技术相结合的产物。现有的协同设计主要是基于 CAD 平台,并不能充分实现专业间的信息交流,这是因为 CAD 的通用文件格式仅仅是对图形的描述,无法加载附加信息,导致专业间的数据不具有关联性。BIM 的出现使协同已经不再是简单的文件参照,BIM 技术为协同设计提供底层支撑,大幅提升协同设计的技术含量。借助 BIM 的技术优势,协同的范畴也从单纯的设计阶段扩展到建筑全生命周期,需要规划、设计、施工、运营等各方的集体参与,因此具备了更广泛的意义,从而带来综合效益的大幅提升(见图7-5)。

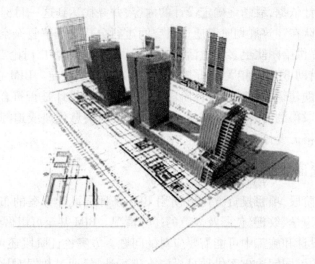

图 7-5　协同设计

7.3.7　性能化分析

在 CAD 时代,无论什么样的分析软件都必须通过手工的方式输入相关数据才能开展分析计算,而操作和使用这些软件不仅需要专业技术人员经过培训才能完成,同时由于设计方案的调整,造成原本就耗时耗力的数据录入工作需要经常性的重复录入或者校核,导致包括建筑能量分析在内的建筑物理性能化分析通常被安排在设计的最终阶段,成为一种象征性的工作,使建筑设计与性能化分析计算之间严重脱节。利用 BIM 技术,建筑师在设计过程中创建的虚拟建筑模型已经包含了大量的设计信息(几何信息、材料性能、构件属性等),只要将模型导入相关的性能化分析软件,就可以得到相应的分析结果,原本需要专业人士花费大量时间输入大量专业数据的过程,如今可以自动完成,这大大降低了性能化分析的周期,提高了设计质量,同时也使设计公司能够为业主提供更专业的技能和服务。

7.3.8　工程量统计

在 CAD 时代,由于 CAD 无法存储可以让计算机自动计算工程项目构件的必要信息,所以需要依靠人工根据图纸或者 CAD 文件进行测量和统计,或者使用专门的造价计算软件根据图纸或者 CAD 文件重新进行建模后由计算机自动进行统计。前者不仅需要消耗大量的人工,而且比较容易出现手工计算带来的差错,而后者同样需要不断地根据调整后的设计方案及时更新模型,如果滞后,得到的工程量统计数据也往往失效了。而 BIM 是一个富含工程信息的数据库,可以真实地提供造价管理需要的工程量信息,借助这些信息,计算机可以快速对各种构件进行统计分析,大大减少了烦琐的人工操作和潜在错误,非常容易实现工程量信息与设计方案的完全一致。通过 BIM 获得的准确的工程量统计可以用于前期设计过程中的成本估算、在业主预算范围内不同设计方案的探索或者不同设计方案建造成本的比较,以及施工开始前的工程量预算和施工完成后的工程量决算(见图 7-6)。

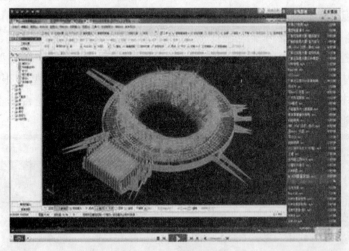

图 7-6　工程量统计

7.3.9　管线综合

随着建筑物规模和使用功能复杂程度的增加,无论是设计企业还是施工企业甚至是业主,对机电管线综合的要求愈加强烈。在 CAD 时代,设计企业主要由建筑或者机电专业牵头,将所有图纸打印成硫酸图,然后各专业将图纸叠在一起进行管线综合,由于二维图纸的信息缺失以及缺失直观的交流平台,管线综合成为建筑施工前让业主最不放心的技术环节。利用 BIM 技术,通过搭建各专业的 BIM 模型,设计师能够在虚拟的三维环境下方便地发现设计中的碰撞、冲突,从而大大提高管线综合的设计能力和工作效率。这不仅能及时排除项目施工环节中可以遇到的碰撞、冲突,显著减少由此产生的变更申请单,更大大提高了施工现场的生产效率,降低了由施工协调造成的成本增长和工期延误(见图 7-7)。

图 7-7　管线图

7.3.10　施工进度模拟

　　建筑施工是一个高度动态的过程,随着建筑工程规模不断扩大,复杂程度不断提高,施工项目管理变得极为复杂。通过将 BIM 与施工进度计划相链接,将空间信息与时间信息整合在一个可视的 4D(3D + Time)模型中,可以直观、精确地反映整个建筑的施工过程(见图 7-8)。施工模拟技术可以在项目建造过程中合理制订施工计划、精确掌握施工进度,优化使用施工资源以及科学地进行场地布置,对整个工程的施工进度、资源和质量进行统一管理和控制,以缩短工期、降低成本、提高质量。此外,借助 4D 模型,施工企业在工程项目投标中将获得竞标优势,BIM 可以协助评标专家从 4D 模型中很快了解投标单位对投标项目主要施工的控制方法、施工安排是否均衡、总体计划是否基本合理等,从而对投标单位的施工经验和实力做出有效评估。

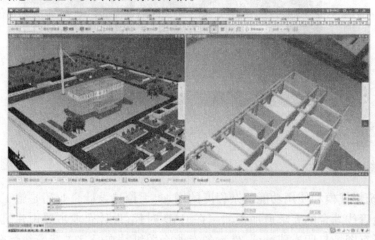

图 7-8　施工进度模拟

7.3.11　施工组织模拟

　　施工组织是对施工活动实行科学管理的重要手段,它决定了各阶段的施工准备工作内容,协调了施工过程中各施工单位、各施工工种、各项资源之间的相互关系。施工组织设计是用来指导施工项目全过程各项活动的技术、经济和组织的综合性解决方案,是施工技术与施工项目管理有机结合的产物。通过 BIM 可以对项目的重点或难点部分进行可建性模拟,按月、日、时进行施工安装方案的分析优化。对于一些重要的施工环节或采用新施工工艺的关键部位、施工现场平面布置等施工指导措施进行模拟和分析,以提高计划的可行性;也可以利用 BIM 技术结合施工组织计划进行预演以提高复杂建筑体系的可造性(见图 7-9)。借助 BIM 对施工组织的模拟,项目管理方能够非常直观地了解整个施工安装环节的时间节点和安装工序,并清晰把握在安装过程中的难点和要点,施工方也可以进一步对原有安装方案进行优化和改善,以提高施工效率和施工方案的安全性。

图 7-9　施工组织模拟

7.3.12　数字化建造

　　制造行业目前的生产效率极高,其中部分原因是利用数字化数据模型实现了制造方法的自动化。同样,BIM 结合数字化制造也能够提高建筑行业的生产效率。通过 BIM 模型与数字化建造系统的结合,建筑行业也可以采用类似的方法来实现建筑施工流程的自动化。建筑中的许多构件可以异地加工,然后运到建筑施工现场,装配到建筑中(例如门窗、预制混凝土结构和钢结构等构件)。通过数字化建造,可以自动完成建筑物构件的预制,这些通过工厂精密机械技术制造出来的构件不仅降低了建造误差,并且大幅度提高了构件制造的生产率,使得整个建筑建造的工期缩短并且容易掌控。BIM 模型直接用于制造环节还可以在制造商与设计人员之间形成一种自然的反馈循环,即在建筑设计流程中提前考虑尽可能多地实现数字化建造。同样,与参与竞标的制造商共享构件模型也有助于缩短招标周期,便于制造商根据设计要求的构件用量编制更为统一的投标文件。同时,标准化构件之间的协调也有助于减少现场发生的问题,降低不断上升的建造、安装成本。

7.3.13　物料跟踪

　　随着建筑行业标准化、工厂化、数字化水平的提升,以及建筑使用设备复杂性的提高,越来越多的建筑及设备构件通过工厂加工并运送到施工现场进行高效地组装。而这些建筑构件及设备是否能够及时运到现场,是否满足设计要求,质量是否合格,将成为整个建筑施工建造过程中影响施工计划关键路径的重要环节。在 BIM 出现以前,建筑行业往往借助较为成熟的物流行业的管理经验及技术方案(例如 RFID 无线射频识别电子标签)。通过 RFID 可以把建筑物内各个设备构件贴上标签,以实现对这些物体的跟踪管理,但 RFID 本身无法进一步获取物体更详细的信息(如生产日期、生产厂家、构件尺寸等),而 BIM 模型恰好详细记录了建筑物及构件和设备的所有信息(见图 7-10)。此外,BIM 模型作为一个建筑物的多维度数据库,并不擅长记录各种构件的状态信息,而基于 RFID 技术的物流管理信息系统对物体的过程信息都有非常好的数据库记录和管理功能,这样 BIM 与 RFID 正好互补,从而可以解决建筑行业对日益增长的物料跟踪带来的管理压力(见

图 7-11）。

图 7-10　物料跟踪 1

图 7-11　物料跟踪 2

7.3.14　施工现场配合

　　BIM 不仅集成了建筑物的完整信息,同时提供了一个三维的交流环境。与传统模式下项目各方人员在现场从图纸堆中找到有效信息后再进行交流相比,效率大大提高了。BIM 逐渐成为一个便于施工现场各方交流的沟通平台,可以让项目各方人员方便地协调项目方案,论证项目的可造性,及时排除风险隐患,减少由此产生的变更,从而缩短施工时间,降低由设计协调造成的成本增加,提高施工现场生产效率(见图 7-12)。

7.3.15　竣工模型交付

　　建筑作为一个系统,当完成建造过程准备投入使用时,首先需要对建筑进行必要的测试和调整,以确保它可以按照当初的设计来运营。在项目完成后的移交环节,物业管理部门需要得到的不只是常规的设计图纸、竣工图纸,还需要能正确反映真实的设备状态、材料安装使用情况等与运营维护相关的文档和资料。BIM 能将建筑物空间信息和设备参数信息有机地整合起来,从而为业主获取完整的建筑物全局信息提供途径。通过 BIM 与施

图 7-12　施工现场配合

工过程记录信息的关联,甚至能够实现包括隐蔽工程资料在内的竣工信息集成,不仅为后续的物业管理带来便利,并且可以在未来进行的翻新、改造、扩建过程中为业主及项目团队提供有效的历史信息(见图 7-13)。

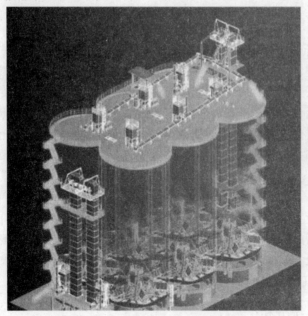

图 7-13　竣工模型交付

7.3.16　维护计划

在建筑物使用寿命期间,建筑物结构设施(如墙、楼板、屋顶等)和设备设施(如设备、管道等)都需要不断得到维护。一个成功的维护方案将提高建筑物性能,降低能耗和修理费用,进而降低总体维护成本。BIM 模型结合运营维护管理系统可以充分发挥空间定位和数据记录的优势,合理制订维护计划,分配专人专项维护工作,以降低建筑物在使用过程中出现突发状况的概率(见图 7-14)。对一些重要设备还可以跟踪查看维护工作的历史记录,以便对设备的适用状态提前做出判断。

图 7-14　维护计划

7.3.17　资产管理

一套有序的资产管理系统将有效提升建筑资产或设施的管理水平,但由于建筑施工和运营的信息割裂,使得这些资产信息需要在运营初期依赖大量的人工操作来录入,而且很容易出现数据录入错误。BIM 中包含的大量建筑信息能够顺利导入资产管理系统,大大减少了系统初始化在数据准备方面的时间及人力投入。此外,由于传统的资产管理系统本身无法准确定位资产位置,通过 BIM 结合 RFID 的资产标签芯片还可以使资产在建筑物中的定位及相关参数信息一目了然,快速查询。

7.3.18　空间管理

空间管理是业主为节省空间成本、有效利用空间、为最终用户提供良好工作生活环境而对建筑空间所做的管理。BIM 不仅可以用于有效管理建筑设施及资产等资源,也可以帮助管理团队记录空间的使用情况,处理最终用户要求空间变更的请求,分析现有空间的使用情况,合理分配建筑物空间,确保空间资源的最大利用率。

7.3.19　建筑系统分析

建筑系统分析是对照业主使用需求及设计规定来衡量建筑物性能的过程,包括机械系统如何操作和建筑物能耗分析、内外部气流模拟、照明分析、人流分析等涉及建筑物性能的评估。BIM 结合专业的建筑物系统分析软件避免了重复建立模型和采集系统参数。通过 BIM 可以验证建筑物是否按照特定的设计规定和可持续标准建造,通过这些分析模拟,最终确定、修改系统参数甚至系统改造计划,以提高整个建筑物的性能(见图 7-15、图 7-16)。

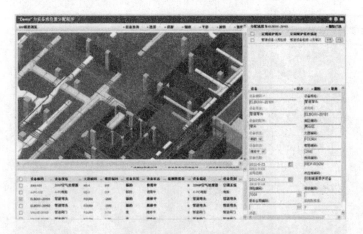

图 7-15　建筑系统分析 1

图 7-16　建筑系统分析 2

7.3.20　灾害应急模拟

利用 BIM 及相应灾害分析模拟软件,可以在灾害发生前,模拟灾害发生的过程,分析灾害发生的原因,制定避免灾害发生的措施,以及发生灾害后人员疏散、救援支持的应急预案。当灾害发生后,BIM 模型可以提供救援人员紧急状况点的完整信息,这将有效提高突发状况应对措施。此外,楼宇自动化系统能及时获取建筑物及设备的状态信息,通过 BIM 和楼宇自动化系统的结合,使得 BIM 模型能清晰地呈现出建筑物内部紧急状况的位置,甚至到紧急状况点最合适的路线,救援人员可以由此做出正确的现场处置,提高应急行动的成效(见图 7-17)。

7.4　BIM 未来的发展

BIM 技术在未来的发展必须结合先进的通信技术和计算机技术才能够大大提高建筑工程行业的效率,预计将有以下几种发展趋势:

图 7-17　灾害应急模拟

第一，移动终端的应用。随着互联网和移动智能终端的普及，人们现在可以在任何地点和任何时间来获取信息。而在建筑设计领域，将会看到很多承包商，为自己的工作人员都配备这些移动设备，在工作现场就可以进行设计。

第二，物联网。现在可以把监控器和传感器放置在建筑物的任何一个地方，针对建筑内的温度、空气质量、湿度进行监测。然后加上供热信息、通风信息、供水信息和其他的控制信息。这些信息通过无线传感器网络汇总之后，提供给工程师就可以对建筑的现状有一个全面的、充分的了解，从而为设计方案和施工方案提供有效的决策依据。

第三，云计算及大数据技术的应用。不管是能耗，还是结构分析，针对一些信息的处理和分析都需要利用云计算强大的计算能力。甚至，我们渲染和分析过程可以达到实时的计算，帮助设计师尽快地在不同的设计和解决方案之间进行比较。

第四，数字化现实捕捉。这种技术通过一种激光的扫描，可以对桥梁、道路、铁路等进行扫描，以获得早期的数据。未来设计师可以在一个 3D 空间中使用这种沉浸式、交互式的方式来进行工作，直观地展示产品开发的未来。

第五，协作式项目交付。BIM 是一个工作流程，是基于改变设计方式的一种技术，而且改变了整个项目执行施工的方法，它是一种设计师、承包商和业主之间合作的过程，每个人都有自己非常有价值的观点和想法。

第六，结合装配式建筑和被动式超低能耗建筑共同推进发展。

所以，如果能够通过分享 BIM 让这些人都参与其中，在这个项目的全生命周期都参与其中，那么，BIM 将能够实现它最大的价值。国内 BIM 应用处于起步阶段，绿色和环保等词语几乎成为各个行业的通用要求。特别是建筑设计行业，设计师早已不再满足于完成设计任务，而更加关注整个项目从设计到后期的执行过程是否满足高效、节能等要求，期待从更加全面的领域创造价值。

第 8 章 职业生涯规划

当今社会充满竞争和挑战,提前给自己规划一下未来的方向,为我们能更好地适应社会打下基础。身为现代社会的大学生,对自己所处的社会应该有一个清醒、周全的认识,对现在的就业形势、社会的政治环境、经济环境等都应该有所认识,对自身的特色、情况要有一个周全、清晰的认识。这样,当我们走上社会时,才能更好地适应社会,才能在这个社会上立足,继而为社会做出自己应有的贡献,更好地实现自己的价值。

因此,给自己的将来做一个合乎实际的规划,给自己树立一个航标,为自己的职业生涯勾勒出轮廓,把命运牢牢地掌握在自己手中,那样才能对得起我们的美丽人生,实现人生的意义。在人短暂的一生中,职业生涯是宝贵而稀缺的,我们应该为自己设定一个清晰的目标,并朝着目标不懈努力,这样才能在有限的职业生涯中实现事业的辉煌,达到人生的目标。

8.1 自我分析

8.1.1 自我分析的概念

自我分析是指对自我理性、深刻、全面的分析,它比自我介绍更深刻(自我介绍最基本的内容可以省略),同时又包含自我评价的内容。进行自我分析对每个人来说都是非常有必要的,人在不断的变化、进步,自我分析也应该不断更新。古人有曰:“知己知彼,百战不殆”,“知己”应是首要任务。

自我分析与自我剖析、自我研究相类似,都是一个人为了更进一步了解自身,包括了解自身的优缺点(主要是为了了解缺点),而列出的相关逻辑上的分析与对比。做出相应的分析结果,进而制定相应的对策。通过定期或不定期的自我分析而不断地进行自我完善。

每个人遇到困扰或者问题,都会通过两种方式来解决:一种是通过自己;一种是求助于身边的朋友或亲人。但是在两种情况下,这两种渠道都无法很好地解决问题:一是没有习得这种自我解决问题的能力,或者这种能力在某些情况下无法正常发挥;二是缺乏求助的能力,或者缺乏必要的求助资源。

自我分析是指通过自己或者通过自己求助相关资源而解决问题、成长的过程。自我分析的相关研究也致力于这两个方面提升个人的能力或者成长水平。

8.1.2 自我分析的目的

总体来讲,自我分析的相关研究致力于提升个人自我解决问题的能力,以及求助、获得相关资源的能力,当个体越来越具备此种能力时,也会越感觉趋向自由。

具体来讲,自我分析分为以下几个方面:

(1)提升自我觉察的能力。

(2)提升自我调节与控制的能力。

(3)改善社会关系、获得更多社会资源。

(4)分析他人、环境的影响,合理利用资源。

8.1.3　自我分析的方法基础

人格结构理论、病理学理论以及人性观是自我分析所有方法的基础,适用于自我分析方法的所有方面,也体现在所有方法、过程当中。

(1)情境。任何心理过程的发生一定依赖于特定的外部环境和背景,外部环境和背景构成了心理结构的情境因素,主要包括身体条件、他人、周边社会与自然环境、文化社会环境等。

(2)认知。我们对情境、对自我都会形成特定的认识,并且以自己的认知而不是客观的现实为基础来感知社会,我们的认知会直接影响我们的感受和行为,认知又包括对情境的认知和对行为规则的构建。

(3)体验。体验包括需要(或动机)与情绪,需要促动行为,而情绪则反馈需要的满足情况,当负面情绪出现时,减少负面情绪本身可以成为一种需要,而增加积极情绪也可以成为另外一种需要。

(4)行为。指所有具体的行为与行为模式,行为本身有特定的形成与发展规律,并且行为模式形成之后本身具有一定的习惯力量,使人倾向于保持现有的行为而不是改变。

(5)自我。自我的核心作用在于调节心理过程,最主要的调节功能在于对自我能力的评估,发起或者制止自己的行为。

横向结构的5个方面体现在每一个心理过程之中,体现于每一个当下,并且相互影响,构成一个个特定的横向心理结构。

8.1.4　自我分析的途径

8.1.4.1　从别人对自己的态度来了解自己

我们看不见自己的面孔,常常借助于镜子来了解自己的面容。同样,我们不易评价自己的品质,就得依靠别人对我们的态度和反应。这正如心理学家库里所指出的,别人对自己的评价是自我评价的一面镜子。在与他人交往的社会生活中,我们借自己的外显行为将自己介绍给别人,反过来别人对我们的看法又影响着我们对自己的认识。因此,个体对自己的认识在很大程度上取决于周围的人对自己如何评价。当然,他人的评价并非都很准确,这正如镜子因凸凹不平会歪曲人的形象一样。倘若我们能和多数人交往,注意倾听多数人的意见或反应,善于从周围人的一系列评价中概括出一些较稳定的评价作为自我评价基础,这将大大有助于自我了解。

8.1.4.2　通过和别人比较认识自己

社会心理学家费斯廷格的社会比较理论认为,人有一种评估自己的内驱力;在缺乏客观的、非社会标准的情况下,人们将通过与他人的比较来评估自己。社会实践证实了这个理论的这两个观点。每当我们怀疑自己的能力,反问自己:"我在某方面的能力到底如何"时,就会很自然地想到和别人进行比较,以判定自己在社会生活中的位置和形象。自己跑步的速度是通过与别人赛跑中比较出来的,个子的高矮也是通过"比个儿"而确定的,个人认识评价自己的品质、能力等都是如此。我们总是通过和自己地位、条件相类似的人的对比来估计自己以及自己和周围环境的关系。

8.1.5　自我分析的主要内容

自我分析方法因适应对象不同,分为个人自我分析方法与自我分析心理咨询模式,个人自我分析方法主要用于普通人、来访者、咨询师进行自我成长,而自我分析心理咨询模式适用于咨询师在咨询过程中用此方法解决来访者的问题。

8.1.5.1　个人自我分析方法

个人自我分析方法主要对象为普通人、来访者以及咨询师,目的在于提升个体的自我觉察能力,自己解决自身的问题,不断自我成长,迈向心灵自由。

8.1.5.2　短期问题解决模式

短期问题解决模式主要用于解决那些因客观情境压力与特定应对能力不足而产生的问题,并且问题的持续时间并不长,且泛化的程度有限。

短期问题解决模式聚焦于现实问题的解决,一般通过 4~8 次解决来访者的问题,咨询过程中对来访者的问题会有比较多的指导,并且在每次咨询接受之后强调来访者的自我分析、练习与家庭作业。

8.2　土木工程专业就业环境分析

改革开放以来,我国在很多方面都发生了翻天覆地的变化,特别是近些年来随着经济的不断推进和先进技术的不断推广,我国在土木工程事业发展方面取得了显著的成就。土木工程建设与先进技术和高素质人才的努力密切结合,在结构力学、施工技术、结构理论与实践等方面取得了很多重大的突破。在当今可持续发展、科学发展观的时代背景下,我国的高层建筑也取得了优异的成绩。本章将在分析我国目前土木工程发展现状及未来发展前景的基础上,为促进我国土木工程建设进一步发展壮大提供相关理论依据。

8.2.1　土木工程的含义

土木工程指在工程建设过程中所应用的各种设备和材料,以及进行勘测、设计、施工等流程中的一系列技术活动。此外,土木工程还可以指工程建设的对象,即在地上或地下、水上或水下、直接或间接的为人们的生产、生活、科研军事等方面服务的各种公共设施,包括道路、铁路、房屋、管道、飞机场、防护工程、隧道等。土木工程为人类生产、生活提供了必要保障。随着社会的不断进步和发展,高楼大厦、复杂的工程建设不断出现在人们生活中,满足了人们日益增加的物质需求和精神需求,也越来越成为了一个国家实力增强的重要标志。随着土木工程在我国的发展,它越来越具备综合性、社会性、实践性的基本属性,从不成熟正逐步向壮大事业大步发展。

8.2.2　我国土木工程的发展现状

以下将以高层建筑和公路建设为代表分析我国土木工程的发展现状。

8.2.2.1　高层建筑

随着我国现代化建设的不断推进和发展,城市化的速度也在迅速提高。随着进入城市的人口的快速增长,其与有限的土地资源之间形成的巨大反差也在不断增大。在这样的现实背景下,高层建筑成为城市建设的必然选择。高层建筑可以充分利用有限的资源空间,解决人口多与土地少之间的矛盾,为城市的快速发展提供重要保障。在我国一些城市,高层建筑处处可见。相关统计数据表明,我国目前已建成的高层建筑数量高达20 000多幢,甚至一些高层建筑高达百米以上,显然这是城市发展的重要标志,但同时也是城市经济发展的重要负担。高层建筑广泛表现出的两面性,体现了我国土木工程发展的重要特征,也是我国现代化进程不断推进的必然结果。

8.2.2.2　公路建设

公路建设是我国土木工程建设的重要组成部分,与一个地区或城市的经济发展有着密不可分的联系。一个地区要想发展迅速,首先要发展地区经济,而经济的发展与社会基础设施的建设有着密不可分的联系。一个地区只有在服务业、工商业等方面都有所发展,才能在经济方面有所突破。特别是对于公路运输来说,它对促进地区与地区之间、国与国之间的贸易往来和沟通交流发挥着重要的作用。可以说,只有道路畅通了,贸易才能互相往来。因此,公路建设在促进地区产业结构调整、提高人口质量、转变经济增长方式、缩小城乡差距、提高人们的生活质量、加快城市化发展等多个方面做出了巨大的贡献。

与改革开放前的发展相比而言,我国无论是在经济发展还是在公路建设等方面都取得了质的突破。但是,不得不面对的是我国一些地区的经济发展与公路建设方面仍然存在着不协调的现象:一些地方的交通运输仍然满足不了当地经济的快速发展,而对经济发展产生了一定程度的制约;还有一些地区经济发展缓慢而导致交通运输设备、设施不完善,进而形成恶性循环。交通运输与经济发展之间发展的不平衡性,对于我国现代化进程及和谐社会的建设起到了一定程度上的阻碍作用。随着科学发展观、和谐社会建设的理念不断提出,公共设施建设等关系到社会各方面的事业也越来越得到人们的关注,人们越来越认识到只有在布局、体系等多个方面系统考虑、综合设计,大力发展交通事业,平衡交通与经济之间的关系,才能真正地推动地区和国家的经济发展。

8.2.3　我国土木工程建设的前景分析

随着社会的不断进步和发展,人类对于社会资源的需求也在日益增加。然而社会资源终究是有限的,合理配置资源就成为了人们必须面对和解决的问题。只有将有限的资源充分地发挥最大的作用,才能真正促进社会的进步和发展。因此,我国土木工程建设以后要想持续发展,就必须向着集约式、低消耗的方向努力,走资源节约型可持续发展道路,为构建社会主义和谐社会提供重要保障。具体来说,下面将从以下两个方向对我国土木工程的发展前景做简要分析。

(1)向海洋拓展:在地球这个广阔的空间中,70%的面积由海洋组成,而陆地只占到了 30%。因此,在当前陆地资源日益短缺的时代背景下,人类可以尝试着利用先进的技术,合理、合法地充分利用海洋资源。目前,我国一些地区和城市已经开始了向海洋拓展的土木工程建设,这可以说是历史上的伟大创造。丰富的海洋资源与陆地资源相比较而言,更具有复杂性,正是基于此,它也为人类开发带来了巨大的发展前景。随着社会的不断进步及先进技术的快速发展及推广,人们在开拓海洋资源方面也取得了重大的突破。例如,2000 年日本就通过围海的方式修建了一个长达 1 km 的国际机场,这个国际机场的建成是人类土木工程向海洋进军的重要标志。同时不得不承认日本通过围海的方式获得的土地资源,大大解决了日本陆地资源短缺以及机场噪声对城市居民造成的不良影响的问题。近些年来,我国的土木工程建设在海洋拓展事业上也取得了可喜的成绩:上海黄浦江拓案、南汇滩围垦等工程的建成,标志着我国土木工程在向海洋拓展的尝试中取得了成功,为土木工程建设向海洋拓展积累了丰富的经验。

(2)向高空延伸:陆地面积是有限的,而高空距离是无限的。相关数据统计表明,高达 646 m 的波兰长波台钢塔是目前世界上人工所建的最高建筑。因此,在陆地资源日益短缺的今天,土木工程向高空延伸也是未来必然的发展前景。在技术条件可行的前提下,土木建筑向高空日益延伸是人类的必然选择。高层建筑可以节约大量的土地资源,也有利于多功能建筑体的形成。目前,我国一些城市的楼层高度日益攀高,特别是上海计划在未来打造一栋高达 1 200 m 的大楼,据统计,这幢大楼可以安置 10 万人口。如果这一计划成功实施,将是我国土木工程建设向高空延伸的重大突破,将为土木工程建设向高空延伸奠定重要基础。

总而言之,我国在土木工程事业的发展进程中取得了不断的突破和喜人的成就。但与国外相比较而言,我国的土木工程建设还存在技术欠缺、经验不足等方面的问题。因此,在日后我国土木工程建设的进程中,应该不断引进先进技术、创新发展理念,通过在高校开展土木工程专业课程为社会培养更多高素质的土木工程人才,并坚持理论与实践相结合,通过引入新材料、新工艺等方式,促进我国土木工程的建设。同时,我国的土木工程建设要想长期、持续、稳定地发展,必须遵循自然及社会的客观发展规律,在科学发展观及和谐社会建设的理念指导下平衡、稳定地向前发展。

8.3　职业发展规划

(1)大学一年级:试探期。

阶段目标:职业生涯认知和规划。

实施方案:完成从高中到大学的转变,适应大学的学习生活,重新确立新的目标。对自己的专业进行深入了解,巩固和扎实专业基础知识,加强英语、计算机能力的培养。大一期间完成公共基础课程,不能挂科,课程重点放在高等数学、英语和画法几何上。在导师的指导下进行选课,选择方向放在建筑工程和工程管理方向。在时间允许的情况下多参加集体活动,培养交际与表达能力。另外,要多和师哥师姐们进行交流,尤其是大四的毕业生,询问就业情况。大一学习任务不重,多参加学校活动,增加交流技巧,学习计算机知识,争取可以通过计算机和网络辅助自己的学习。为可能的转系、获得双学位、留学计划做好资料收集及课程准备,多利用学生手册了解相关规定。在大一期间尽快做好大学的规划,并付诸行动。

(2)大学二年级:定向期。

阶段目标:初步确定毕业方向以及能力与素质的培养。

实施方案:通过大学英语和计算机的相关证书考试,尤其是大学英语四级考试,尽量一次性通过。参加学生会或社团,培养领导与组织能力,增强团队协作精神。在暑假或课余时间能到施工单位实习,尽可能多的积累经验。有选择性地辅修其他专业的课程,丰富知识来充实自己。课程重点放在专业课上,要把专业课学扎实、学透。认真学习 CAD 电脑辅助制图这门课,CAD 制图不仅能加快绘图速度,还能减少出错率。在作息时间上一定要有规律,不能有课就早起,没课就睡懒觉。早晨尽量早起,读英语课文,背单词,最大限度地提高英语水平,为大学英语四级考试做好准备。在没有特殊情况下,上课不能迟到、早退,以及缺课。

(3)大学三、四年级:发展期。

阶段目标:掌握求职技能,为择业做好准备。

实施方案:加强专业知识学习,根据自己的实际情况尽量通过大学英语六级考试。根据情况决定是否考研,做好复习准备。依然把专业课放在重点,在校期间尽量考取与目标职业有关的职业资格证书或通过职业技能鉴定,不能在校考的证书要尽量了解其考试的流程及内容,为以后考证或职称考试做准备。参加与专业有关的暑期工作,经常到施工单位汲取经验,做一些力所能及的工作,为大四的专业实习以及毕业设计、毕业论文做准备。和同学交流求职工作心得体会,学习写简历、求职信等求职技巧,了解、收集就业信息的渠道,掌握面试技巧等。

(4)大学四年级下学期:实现期。

阶段目标:进行工作申请及就业。

实施方案:尽快完成毕业设计和实习工作,但是毕业设计不能草率,要认真对待。重视实习的过程,在实习的过程中要虚心请教他人,掌握基础施工方法,能够及时发现工程的误区,为以后工作打好基础。然后总结前三年的准备工作,开始毕业后工作的申请,积极参加招聘活动,在实践中检验自己的积累和准备,锻炼自己独立解决问题的能力和创造性。另外,要明确个人在岗位上的职责要求及规范,成功就业。

(5)毕业后。

阶段目标:考证、晋职称。

实施方案:毕业后一年升助理工程师,评为助理工程师后四年评工程师,尽可能在六年后评高级工程师。即毕业后一年晋助理工程师,毕业后四年晋工程师,毕业后十年晋高级工程师。在工作过程中提高自己的综合素质,如果不能在短期内评上高级工程师,可以把这一职称放一放,不能急于一时,毕竟高级工程师要在省级以上刊物上发表 1～2 篇文章,这并不是一项简单的任务。

参 考 文 献

[1] 阎石,李兵.土木工程概论[M].北京:中国电力出版社,2015.

[2] 周先雁.土木工程概论[M].长沙:湖南大学出版社,2014.

[3] 崔德芹,周旭丹,金世佳.土木工程概论[M].北京:冶金工业出版社,2014.

[4] 戴晶晶,贾晓东.土木工程概论[M].成都:西南交通大学出版社,2016.

[5] 俞家欢,于群.土木工程概论[M].北京:清华大学出版社,2016.

[6] 张志国.土木工程概论[M].武汉:武汉大学出版社,2014.

[7] 高等学校土木工程专业指导委员会.高等学校土木工程专业本科教育培养目标和培养方案及课程
    教学大纲[M].北京:中国建筑工业出版社,2002.

[8] 刘伯权.土木工程概论[M].北京:科学出版社,2009.

[9] 贾正甫,李章政.土木工程概论[M].成都:四川大学出版社,2006.

[10] 陈益林,何小其.应用型大学工程教育专业认证体系解构[J].教育与教学研究,25(3):84-86.

[11] 张文雪,等.工程教育专业认证制度的构建及其对高等工程教育的潜在影响[J].清华大学教育研
     究,2007(6):63-67.

[12] 单小麟,于倩.新时期研究型大学工程教育改革探索与实践[J].高等理科教育,2010(1):25-29.

[13] 王海涌,李海军,李海莲,等.工程教育专业认证背景下人才培养模式的改革与探讨[J].兰州交通
     大学学报,2017,36(2):105-107.

[14] 杨水旸.论科学、技术和工程的相互关系[J].南京理工大学学报,2009,22(3):84-88.

[15] 安徽省人事考试网,专业技术资格考试服务中心.http://www.apta.gov.cn/proftech_NoticeIndex/
     Proftech Activity Datail? aid=644.

[16] Paul Teicholz, Ph. D, Stanford University, Labor Productivity Declines in the Construction Industry:
     Causes and Remedies,2004.4.

[17] 李雄华.BIM 技术在给水排水工程设计中的应用研究[D].广州:华南理工大学,2009.

[18] 建筑科学研究院.工业基础类平台规范:GB/T 25507—2010[S].北京:中国标准出版社,2010.

[19] 李恒,郭红领,黄霆,等.建筑业发展的强大动力:虚拟施工技术[J].中国建设信息,2010(2):46-
     51.

[20] 何清华,韩翔宇.基于 BIM 的进度管理系统框架构建和流程设计[J].项目管理技术,2011,9(9):
     96-99.

[21] 何关培.BIM 软件知多少(上).http://blog.sina.com.cn/s/blog_620be62e0100lowy.html.

[22] 工程质量刊物记者.Bentley 三维设计软件助力项目大幅节约建造成本[J].工程质量,2013,31
     (2):76-77.

[23] 孙世国.21 世纪我国土木工程发展趋势奏议[J].北方工业大学学报,2002,14(3):82-85.

[24] 吕志涛.新世纪我国土木工程活动与预应力技术的展望[J].东南大学学报(自然科学版),2002,
     31(3):457-459.